あらゆる情報を
つなげて
整理しよう

Obsidianで“育てる”最強ノート術

増井敏克
Masui Toshikatsu

技術評論社

はじめに

私たちは小学生の頃から、勉強するときには教科書を読むだけでなくノートに書く作業を繰り返してきました。大人になっても、個人的なメモや打ち合わせの議事録を残すために、紙のノートを使っている人は多いでしょう。スケジュールの管理にシステム手帳などを使っている人もいるはずです。

しかし、ノートの書き方やノートを選ぶときの考え方を学校で教わった人はほとんどいません。小学生の頃に自分が書いたノートを先生に見てもらう経験はあっても、それ以降にノートを他の人に見せる機会はまずないでしょう。したがって、他人がどのような内容をノートに記録しているのか、どんなノートを使っているのかをじっくり見る機会もありません。

もちろん、昔から「ノート術」をテーマにした本はたくさん出版されています。雑誌などでも特集され、さまざまな整理方法が紹介されています。しかし、ノートの書き方や考え方は人それぞれで、正解はありません。そもそもノートを作成しない人もいますし、ノートに記録すべき内容は人によって違うため、ノートの整理に求めるものも人によって異なるのです。

このため、万人に合うような「最強ノート術」のようなものは存在しないのかもしれません。それでも、ノートを作成・整理するときの方法にかかわらず必要不可欠なことがあります。

それは、**「ノートへの記録を習慣にすること」**です。ノートの整理方法などを紹介しても、そもそも記録する習慣がないと長続きしないのです。そして、ノートに記録することそのものが最初のハードルです。

- **ノートに書く時間がもったいない**
- **使わないことを記録しても意味がない**
- **一度書いたノートを整理するのは時間の無駄だ**
- **ノートを作ったけれど、続けられなかった**
- **ノートに書いていると集中力が散漫になる**
- **インターネットで検索すればいいのでノートは不要だ**

このように、さまざまな理由でノートを書かない（書けない）人がいるのです。確かに、ノートを作成するのには時間がかかります。作成したノートを使わないのであれば記録する意味はないでしょう。バラバラに記録したノートを整理するとなると、さらに時間の無駄だといえます。

こうした失敗の原因は、**「記録したノートを活用できていないこと」**にあるといえます。もっと言えば、活用できた経験がないのです。過去に記録したノートが日常生活で役立った、仕事を効率化できた、といった経験があれば、ノートを作成する意識も変わります。

このためには、記録したノートから必要な情報を検索できるだけでなく、常に持ち運んでいつでも使えるような状態を作り出すことが有効です。そして、それを実現するために、デジタルで管理できる「ノートアプリ」を使う人が増えています。

紙のノートでは書くスペースに限界があるためあとからの追記が困難ですが、デジタルなノートであれば情報をあとから自由に追加できますし、時系列に沿って並べることも容易です。

デジタルなノートは持ち歩きに適しているという特徴もあります。過去に書いた紙のノートを見たいときでも、それが複数冊にわたると、すべてを持ち歩くのは非現実的です。しかし、デジタルなツールで書けば、パソコンやスマートフォンなどですべて管理できます。大量のノートでも持ち歩きでき、過去のデータも簡単に検索できます。

よく使われるノートアプリとして、EvernoteやOneNote、Notion、Google Keep、Scrapboxなどが挙げられます。このようなデジタルツールに共通するのが、テキストだけでなく、写真や動画、PDFなど、さまざまな形式のデータをまとめて1つのノートに格納できることです。

最近はスマートフォンを使って簡単に写真や動画を撮影し、音声などを録音できますし、位置情報なども記録できます。複数のコンピュータでデータを同期できることが便利だと感じる人は多いでしょう。

ただし、上記で紹介したようなデジタルなノートアプリには弱点が2つあります。

まず、**「独自のフォーマットで保存されること」**です。それぞれのツールで保存したデータは独自のフォーマットで保存されているため、他のツールに移行しようとすると大変です。エクスポート機能は用意されていても、それを他のツールで読み込むには変換が必要です。

もう1つの弱点は**「インターネット上に保存されること」**です。最近では日本中どこにいてもインターネットに接続できる環境が整いつつありますが、いまだに外出先などでネットワークが遅くなることはあります。たとえネットワークに接続できていても、これらのツールが障害でダウンしていれば、自分のノートにアクセスできません。

もし利用していたノートアプリの提供が終了してしまうと、上記の2つの弱点により、自分で作成したノートが見られなくなったり、追記できなくなったりします。

この2つの弱点を解決するのがMarkdownという記法であり、それをローカルに保存して使う「Obsidian」というアプリです。

本書では、Obsidianの基本的な使い方だけでなく、デジタルでノートを管理するときの考え方や、Obsidianのプラグインの使用方法、活用法などを幅広く紹介しています。

Markdownのようなテキスト形式でノートを管理するメリットを知り、ローカルで動作することにより高速に動作するObsidianを、本書とともにぜひ活用してみてください。

2023年9月

増井敏克

第1章

情報をつなげれば
ノートは育つ

1.1 ノートアプリに最低限求められること

スマートフォン（以下、スマホ）の普及とともに、多くのノートアプリが登場しており、どれを使えばいいのか迷っている人もいるかもしれません。ノートアプリに求めるものは人によって違いますが、「はじめに」にも書いたように「ノートへの記録を習慣にする」「記録したノートを活用する」ということを実現するノートアプリについて本章では考えていきます。
まず、記録を習慣にすることを実現するためには、日常的に記録できることが必須です。さらに、活用するためには、検索が容易で、効率よく管理できることが求められます。本節では、これらの条件を満たすノートアプリを選ぶときのポイントを紹介します。

ポイント❶すぐに起動できる

紙のノートとデジタルなノートアプリの使い勝手を比べたときの大きな違いは「書き始めるまでの時間」にあります。

紙のノートは、鉛筆やペンが手元にあれば、すぐに書き始められます。メモ用紙の裏紙を使えば走り書きでもとりあえず書けますし、それなりに厚さがあるノートでも最後のページをめくるのにそれほど時間はかかりません。A5サイズやB5サイズのノートではなく、小さなメモ帳や手帳を持ち歩いていて、そこにメモを残している人もいるでしょう。

このように、思いついたアイデアやヒントをすぐ記録できる状態になることは記録するときに非常に重要です。つまり、デジタルなノートアプリでも、「すぐに起動できる」ことは必須です。

ちょっとしたメモを記録したいだけなのに、パソコンの起動に1分ほど待たされて、そこからWebブラウザを開いて、お気に入りに登録したWebアプリにアクセスし、IDとパスワードを入力して、ようやくメモできるようなものでは思いついたアイデアを記録する前に忘れてしまうかもしれません。

Webブラウザを使ってインターネット上のサービスに記録するのではなく、Wordなどの文書作成ソフトをノートとして使う人もいるでしょう。会議の議事録を作成するなど、一般的に使われています。文書だけでなく画像を使ったノートの作成に必要な機能も豊富に備えていますが、アプリの起動に少し時間がかかったり、ノートに不要な機能がありすぎたりすることが難点です。会社で使う文書を作成するような用途では便利ですが、作業メモやアイデアのようなちょっとしたことを記録するときに時間がかかったり、使いづらかったりするものです。

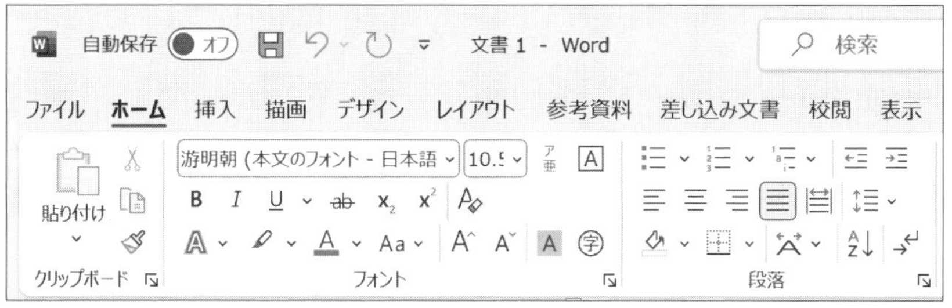

図1-1：ちょっとしたメモやノートの作成には不要な機能が多い

ちょっとした作業内容をメモとして記録するだけであれば、それほど多機能である必要はなく、すぐに起動するアプリの方が便利です。たとえば、Windowsの「メモ帳」やmacOSの「メモ」などのアプリは、シンプルな機能しか備えていませんが、ちょっとした作業メモの記録に向いており、あっという間に起動します。もちろん、パソコンの起動には時間がかかりますが、仕事をしている途中で作業内容を記録するには十分でしょう。

もう少し長い文章を記録したいのであれば、豊富な編集機能を持つアプリを使う方法もあります。Visual Studio Code（以下、VS Code）やVim、Emacsといった「テキストエディタ」と呼ばれるアプリは、Wordなどと比べて起動が速く、すぐに入力できるようになります。そして、Windowsの「メモ帳」などのアプリと比べて、多くの機能を備えています。

ここまではパソコンを使ったときについて紹介しましたが、最近ではスマホやタブレット端末を使っている人も多いでしょう。スマホやタブレット端末はロックを解除すればすぐに使い始められるため、起動時の待ち時間はありません。メモに特化したアプリも数多く提供されており、iOSの「メモ」や、

Androidの「Google Keep」などのように標準で導入されているアプリもあります。

このような「すぐに起動できる」という条件を満たすには、独自のアプリがあると有利です。Webアプリのようにネットワーク経由でデータを読み込むのではなく、手元のパソコンやスマホだけで動くのであれば、すぐに使える状態になります。

図1-2：メモアプリは画面がシンプルですぐ起動する

ポイント❷検索・再利用できる

紙のノートとデジタルなノートアプリを比べたときのもう1つの大きな違いとして、「図や数式などをすぐに描けるか」が挙げられます。

紙のノートは手書きで作成するため、図や数式を自由な大きさで容易に描けます。タブレット端末ではタッチペンを使って手書きのメモを作成できるアプリも増えていますが、パソコンやスマホで手書きのメモを作成するのはそれほど手軽ではありません。

ただし、一時的なメモとは異なり、ノートとして長く残すことを考えると、「検索」や「再利用」が重要なポイントになります。タブレット端末などで作成した手書きの文字やイラストの場合、メモアプリが備える検索機能では目的のキーワードを検索しても見つからない可能性があります。これは紙のノートでも同じで、紙には検索機能はありませんので、書いた人がどこに何を書いたのかを覚えておかないと、目的のキーワードを探すのは大変です。

ノートが1冊だけであれば短時間で見つけ出せるかもしれませんが、それが何冊にもなると、探し出すのに長時間かかります。

これは印刷した文書でも同じです。Wordなどの文書作成ソフトで作成した議事録などの文書を印刷物として保存している会社があるかもしれません。このとき、自分が作成した文書であれば、どこに何を書いたのかをある程度覚えていて、格納したキャビネットの位置も覚えているので見つけられるかもしれませんが、他人が作成した文書で、特定の単語が含まれているかどうかを探すのは大変です。紙の書籍から特定のキーワードがどのページに書かれているかを探そうとするときに、目次や索引から探すほかないように、紙の文書から特定のキーワードを探すのは大変なのです。

図1-3：紙の文書から探すのは大変

しかし、電子書籍では全文検索が可能です。ノートもデジタルなアプリで作成しておくと、キーワードで容易に検索できます。他人が作成したノートでも、特定のキーワードが含まれている場所を高速に見つけられます。文字で探すだけでなく、日付やファイルサイズなど、さまざまな条件を組み合わせて検索することもできます。

既存のメモに書かれている文章をコピー＆ペーストすることで、少しだけ内容を変えたようなノートも容易に作成できます。このように、「検索や再利用ができる」ことはデジタルなノートを使うメリットです。

ただし、デジタルなノートアプリでメモを作成していても、そのファイル形式がバラバラだと検索は難しくなります。メールを探す、Wordファイルを探す、PDFファイルを探すなど多くのアプリやファイル形式が登場すると、それぞれのアプリ内での検索や、さまざまなツールを組み合わせての検索が求められます。

Wordなどの文書作成ソフトを使うと、文字サイズや色、画像なども自由に変更できて便利ですが、独自のファイル形式なので他のアプリからは扱いにくいものです。

そこで、すべてのメモを「テキスト形式」で保存しておくと、OSが備えるファイル検索機能などで探すことができます。テキスト形式とは、ファイル内のデータがテキスト（文字の並び）で表現されている形式のことです。テキスト形式のファイルは、人間が読み書きできるだけでなく、特定のアプリに特化することなく、多くのアプリで容易に処理できます。

上記で紹介したVS CodeやVim、Emacsなどのテキストエディタで文書を作成してテキスト形式で管理しておけば、ITエンジニアであればgrep[注1]などのツールを使うことで、複雑な条件で検索することもできるでしょう。

このように、デジタルなノートアプリでもどのような形式でデータを保存しておくと検索や再利用が便利なのかを考えておきます。

ポイント❸ 移行のハードルが低い

デジタルなノートアプリでノートを作成していたにも関わらず、そのノートアプリの開発会社が倒産したり、開発を終了したりしてそのノートアプリの提供をやめてしまうことがあります。倒産や終了でなくても、これまで無料で使用していたアプリが有料になったり、料金プランの値上げがあったりする可能性があります。他のアプリへの移行が難しければ、その事業者の方針に従うか、利用者として使用をやめる判断をすることもあるでしょう。

このような事態が発生したときに、これまで作成していたノートが取り出せなくなると困ります。これはノートアプリに限らず、独自のファイル形式で保存するアプリで多く発生する問題です。

独自のファイル形式にすることで、そのアプリ内では効率よく検索できた

注1　：テキストファイルを正規表現を使って検索できるコマンドの1つ。

り、保存したときのファイルサイズを小さくできたりするメリットはありますが、そのアプリがなくなるとデータを読み込めなくなるのです。

一般的なアプリでは、作成したデータを他のアプリに移行するために「エクスポート」や「インポート」といった機能が用意されています。アプリの内部では独自の形式でデータを保存していても、それを他のアプリでも使えるように変換してくれるのです。

ただし、エクスポートしたデータを他のアプリのインポート機能で問題なく取り込めるとは限りません。取り込もうとしたときに読み込みに失敗したり、データの見た目が大きく変わってしまったりして、手作業でデータの内容を修正しなければならないこともあります。

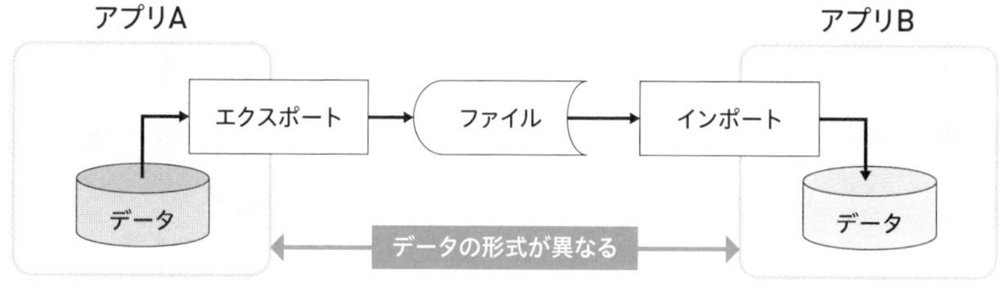

図1-4：データのエクスポートとインポート

こういった事態を防ぐことを考えると、特定のアプリに依存しない形式でデータを保存することが求められます。OSが違っても、特定のアプリがなくても、自由に開ける形式を考えると、ここでも「テキスト形式」での保存が有効です。

一般的なOSでは、テキスト形式のデータを読み書きできるアプリが標準で用意されています。このため、テキスト形式で保存しておけば、異なるOSにも容易に移行できます。過去にはOSによって文字コードが異なるといった問題はありましたが、文字コードを変換するだけで問題なく使用できました。最近ではUnicodeという規格が普及しており、その符号化方式であるUTF-8で保存しておけば、多くのOSで問題なく扱えます。

テキスト形式でノートを作成したときに問題になるのは表現力です。単純なテキスト形式（プレーンテキスト）で記述すると、どんなOSでも扱える一方で、文字サイズや色といった見た目を変えられなかったり、画像などを扱えなかったりします。

そこで、テキスト形式といってもレイアウトや装飾を持たない「プレーンテキスト」ではなく、「HTML」のようなマークアップ言語[注2]を使う方法があります。HTMLはWebページの作成で使われる言語で、見出しや箇条書きを表現するには、次のようにHTMLタグと呼ばれる指示を「<」と「>」で囲んで記述します。

HTMLの例

```
<h1>見出し</h1>
<ul>
  <li>箇条書き1</li>
  <li>箇条書き2</li>
  <li>箇条書き3</li>
</ul>
```


上記の例では、**h1**というタグで見出しの要素を意味し、**ul**というタグで箇条書きを表しています。そして、**li**というタグで箇条書きを構成する項目を表しています。このように、HTMLはテキスト形式のデータですが、Webブラウザで開くと見出しや箇条書きなどの構造を表現できます。

図1-5：「HTMLの例」をWebブラウザで開いた表示

HTMLでは、文字サイズや色といった見た目の表現も指定できますし、画像などを埋め込むこともできます。上記のように構造を指定できるため、ノー

注2　：文章の構造やデザインなどに関する情報を文章とあわせてテキストファイルのなかで指定するための言語。

トを作成するときにも使えそうだと感じるかもしれません。

しかし、ちょっとしたメモを書くときに、毎回HTMLのタグを書くのは大変です。VS Codeなどのテキストエディタには HTMLのタグの入力を支援する機能がありますが、それでも本来書きたいメモの内容以外に入力する文字が多すぎるのです。

そこで、メモやノートを書くときには「軽量マークアップ言語」がよく使われます。たとえば、上記の「HTMLの例」で書いた内容と同じものを「Markdown」という記法では、次のように記述できます。

Markdownの例

```
# 見出し

- 箇条書き1
- 箇条書き2
- 箇条書き3
```

つまり、先頭に# を書けば見出しに、- を書けば箇条書きになるのです(記号のあとにスペースを入れていることに注意してください)。これを見ると、Markdown はHTML よりもシンプルに書けて、初心者にもわかりやすい記法だと言えるでしょう。

最近ではQiita[注3]やZenn[注4]、はてなブログ[注5]をはじめとして、インターネット上で記事を投稿するときにMarkdownで記述できるサービスが増えています。Markdownで文書を作成しておけば、他のサービスへの移行も容易だと言えるでしょう。

Markdownの他にも、同じようにテキスト形式で保存する軽量マークアップ言語には、AsciiDoc[注6]やReStructuredText[注7]、Org-mode[注8]、Re:VIEW[注9]などがあります。こういった記法を使う方法も考えられます。

注3 ：https://qiita.com/

注4 ：https://zenn.dev/

注5 ：https://hatenablog.com/

注6 ：https://asciidoc.org/

注7 ：https://docutils.sourceforge.io/rst.html

注8 ：https://orgmode.org/

注9 ：https://github.com/kmuto/review/

ポイント❹ 情報を一元管理できる

ノートに求められる機能について紹介しましたが、「ノートを書いても読み返さない」人がいます。「ノートは書くだけで読み返したり再利用したりしない」のであれば、上記の3つのポイントは不要だといえます。

買い物リストのように、あとで行動するための単純なメモであれば、その行動を起こせばメモは不要になるかもしれません。しかし、そうではなく長期間残すべきノートもあります。ノートとして整理している目的は、あとから振り返って中身を確認するためです。

たとえば、読者のみなさんは次のような質問に答えられるでしょうか？

- 散髪や美容院に行った直近5回の日付は？
- この1か月で近所のスーパーマーケットに行った回数は？
- 取引先の担当者と名刺交換をした日付は？
- 今、読んでいる本と同じ出版社の本を読んだ冊数は？

予約して美容院を訪れている人であれば、スケジュール帳やカレンダーアプリを見れば過去の履歴を探せるかもしれません。しかし、予約なしで床屋を訪問している人だと、前回の日付はなんとなくわかったとしても、過去5回と言われるとその日付を覚えていないのではないでしょうか。

予約が不要なスーパーマーケットでの買い物などは、スケジュール帳やカレンダーアプリに入れることもないでしょう。もちろん、家計簿を見ればわかる人がいるかもしれませんが、専用のアプリを開かなければなりません。

名刺交換をした日付であれば、交換した日付を名刺の裏側に書いておく人もいます。そうでなければ打ち合わせの日付から調べるしかありません。これもカレンダーアプリが必要です。

今、読んでいる本と同じ著者の本を知りたいとき、小説であれば著者の名前で並べて本棚に入れている人も多いかもしれません。また、新書であれば出版社で並べるかもしれません。しかし、IT関係の技術書ではジャンルを越えて多くの本が発行されています。このような本を著者の名前や出版社で並べることは少ないでしょう。書籍管理アプリを使っていれば探せる人もいますが、これも専用のアプリが必要です。

このようなときに便利なのが「ライフログ」です。Life（生活）とLog（記録）という単語からなる言葉で、普段の生活を記録することを指します。本人が意図的に記録したものだけでなく、スマホやスマートウォッチなどデジタル機器に残された位置情報や睡眠時間などを指すこともあります。普段の行動をすべて記録し、それを検索できるようにしておくのです。

ライフログは役立ちそうですが、これらをどこに保存するかという問題があります。カレンダーアプリはスケジュールの管理は得意ですが、その他の情報を記録するには向きません。家計簿などのアプリもお金の管理は得意ですが、その他の情報の記録には向きません。

こういったときに、ノートアプリは便利です。自由な書式で保存できるため、使う目的に合わせてさまざまなノートを作成でき、あらゆる情報を一元管理できます。日々の生活の中でノートアプリに記録しておくと、上記のような質問に対しても、短時間で答えを出すことができるのです。

図1-6：ライフログの記録

ここで大切なのは、「ノートをバラバラに保存しない」ということです。個々のノートが整理されない状態でアプリに保存されていると、欲しい情報を見つけるために毎回検索しなければならず面倒です。結果として、ノートを1つのアプリで保存しても、「一元管理」とは呼べなくなります。

記録したノートをうまく整理しておくと、あるノートを見たときに、他のノートが目に入ります。これによって、欲しい情報を次から次へとたどれるようにしておくのです。

COLUMN

ノートを何のために作成するか？

学校の勉強などで紙のノートに手書きで書く理由として、「勉強した内容を記憶しやすくなる」という点が挙げられます。手で文字を書くという行為によって、記憶を定着させる効果があると感じる人もいるでしょう。

このように、記憶を定着させるために「手で書く」ことの効果を求めるのであれば、デジタルなノートアプリで作成したノートではその力が弱いと考えられます。キーボードで文字を入力するだけでは、記憶に残りづらいかもしれません。

デジタルなノートアプリでは、コピー＆ペーストが可能で、文章を容易に書き換えられますが、それでも文章として書き出すのは労力が必要です。その大変な作業をしてまで書き出す価値があるのか、と考える人もいるでしょう。

ここで、大切なのは「読み返すことを考えてノートを作成しているか」です。

人間は、過去の記憶を簡単に忘れてしまう動物です。「マジカルナンバー7±2」とも呼ばれる「ミラーの法則」では、「人間が1度に覚えられるのは7つまで」だとされています。これは短期記憶の例ですが、長期記憶でもどんどん忘れていきます。

しかし、ノートに記録したことさえ覚えていれば、そのノートを見返すことができます。そのためには検索性が大事ですし、検索しやすいようにノートを作成しておく必要があるのです。

ライフログを作成するときも、順にたどるだけでなく、あとから検索できるように工夫したり、自分がどのような行動をしていたのかを振り返ったりできるような形式で記録しておくべきでしょう。

1.2 よく使われる「ノートアプリ」の機能たち

デジタルなアプリでノートを作成すると、さまざまなファイルを一元管理でき、検索や再利用が可能なことが便利だと紹介しました。ただし、記録したファイルの数が増えてくると、それを分類するなどうまく管理する方法を考えたくなります。
それでも、できるだけ時間をかけずに、効率よく管理することが求められます。そこで、よく使われるノートアプリが備えている機能を紹介しながら、記録したノートをどうやって管理すればよいのかについて解説します。

フォルダによる階層的な管理

文書や画像などを記録したファイルの数が増えてくると、多くの人はそれらの整理に「フォルダ」を使います。これはノートに限った話ではありません。私たちが仕事をする中でも、特定の業務に関連する資料は1つのフォルダに入れ、業務に関するファイルをまとめて管理しているでしょう。

パソコンの中だけでなく、紙のノートや資料でも、その分類を決めて、本棚やキャビネットなどに保管しています。わかりやすい分類ができると、欲しい資料を短時間で見つけられて便利です。

このため、多くのノートアプリがフォルダでの管理に対応しています。そして、フォルダの数が増えても分類しやすいように、階層的な管理に対応しています。たとえば、画像ファイルは撮影した日付や場所などのフォルダに格納する、特定の技術についてのノートはその技術の分野や工程などの名前をつけたフォルダに格納するなど、フォルダの中にフォルダを作成して管理できます。

これにより、ファイルの数が多くても、うまくフォルダを構成することで、体系的な管理が可能になります。

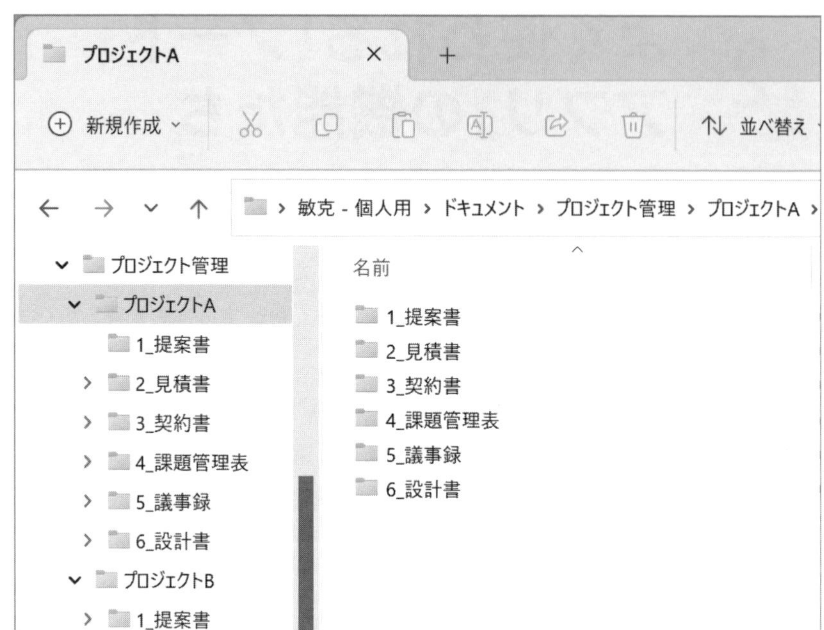

図1-7：フォルダの階層的な管理の例

タグによる分類

フォルダで分類するだけでなく、タグをつけられるノートアプリも増えています。

X（旧Twitter）やInstagramなどのSNSでは「ハッシュタグ」が使われていますが、これは「#（ハッシュ）」で始まる文字列のことです。ハッシュタグをつけることで、同じハッシュタグで投稿されたものを検索したり、その登場頻度などからランク付けしたりできます。

ノートを作成するときにもタグを使うことで、同じタグをつけたノートを容易に検索できます。つまり、フォルダを使わなくても、タグによってノートを分類できるのです。

タグがついているノートの数を調べると、どのキーワードのノートを多く作成しているのか、その登場頻度を把握できます。これにより、作成したノートから新たな発見があるかもしれません。

タグによる分類方法が便利なのは、1つのノートに複数のタグをつけられることです。フォルダで管理する場合、1つのノートは特定の1つのフォルダにしか格納できませんが、タグを使うことでさまざまな視点からノートを見つけられます。

クラウドなどでの同期

ノートを作成するとき、常に1台のパソコンで入力、編集、閲覧するのであれば、ファイルがそのパソコンに保存されているだけで十分です。しかし、スマホの普及もあり、現在では1人で複数の端末を使用することが当たり前です。

移動中はスマホを使って情報を検索し、気になったことがあればその場でメモをとりたいでしょう。このとき、事前にパソコンで作成しておいたノートを確認したいこともあるでしょう。逆に、スマホからノートを作成して、パソコンでそのメモを確認する、といった使い方もあるでしょう。

このように端末をまたいだ使い方を実現するために、USBメモリやSDカードなどの持ち運べる媒体に保存し、それぞれの端末で読み出す方法もあります。しかし、どこでもインターネットにアクセスできる現代では、クラウド上にデータを置いて、複数の端末でアクセスする方法が便利でしょう。2008年にEvernoteが登場したあとも、さまざまなクラウドサービスが登場したことから、多くのノートアプリがクラウド型でサービスを提供するようになりました。

クラウドにデータを保存しておけば、パソコンやスマホなど複数の端末からアクセスしても、常に最新のデータを使用できます。インターネットに接続できるネットワーク環境さえあればよく、そのデータの管理も利用者は意識しなくて済むので便利です。

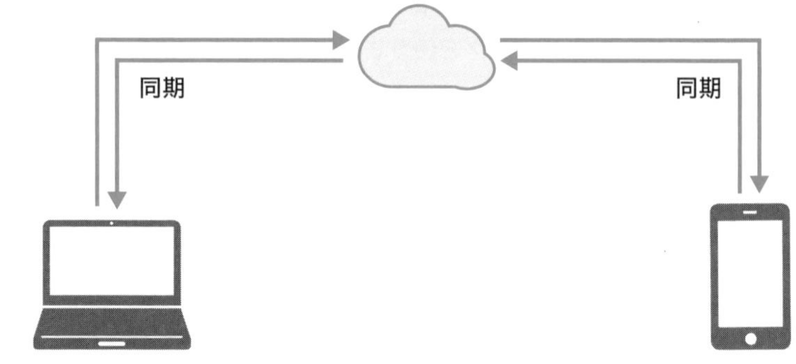

図1-8：データのクラウドでの同期

画像など文章以外の保存

デジタルでノートを管理するメリットとして、さまざまなデータを「ファイル」として扱えることも挙げられます。そして、それらのファイルをフォルダに格納することで一元管理できます。

紙のノートでは、文字を書いたりイラストを描いたりできますし、写真を挟むこともできますが、音楽や映像を残すことはできません。結果として、本は本棚に、写真はアルバムに、音楽はCDに、映像はDVDに、というようにさまざまな場所に保存している人が多いでしょう。

しかし、日記のような記録は、文章と写真を1つのページで見たいものですし、動画を撮影したのであれば、それをノートと関連付けて保存したいものです。

いずれのデータもデジタルなファイルとして保存すれば、テキストファイルやPDFファイル、JPEGファイル、MPEGファイルなどの形で、すべてを1台のパソコンで管理できます。このため、テキスト形式でデータを作成して管理できるだけでなく、さまざまな形式のデータを取り込んで表現できるアプリは便利です。

ただし、ファイルとして別々に保存できるだけではあまり便利ではなく、ノートに埋め込んで表示できる必要があります。このように文章の中に画像や動画を埋め込んだり、PDFファイルを操作できたりすると、紙のノートではできなかったことを実現できます。

1.3 けれど「フォルダで分類」は難しい！

前節までに紹介したような機能を持つノートアプリはたくさんあります。作成したノートが少ないうちは、自分が作成したノートのタイトルや中身を覚えています。このためどんなノートアプリを使っても管理できるかもしれません。しかし、ノートの数が増えてくると、すべてを覚えておくことは現実的ではありません。ここでは、多くのノートアプリが抱えている問題について解説し、その問題についての解決策を考えます。

目的のファイルにたどりつくのに時間がかかる

私たちがノートを作成するのは、私たちの記憶力に限界があるためです。見聞きしたこと、行動したことをすべて覚えておければノートなどに記録する必要はありませんが、それが覚えておけないためにノートに記録しているのです。つまり、ファイルの数が増えたとき、それらをうまく管理していなければせっかく書いたノートが見つからなくなってしまうのです。

似たようなファイルを集めてフォルダで管理する方法を前節で紹介しましたが、このフォルダによる管理ではさまざまな問題が発生します。

たとえば、フォルダが多すぎてどこのフォルダに格納したのかわからなくなる、という問題です。フォルダの数が増えると、似たような内容のノートをまとめて階層的に管理できますが、扱うファイルの数が増えるとフォルダの階層が深くなります。こうなると、階層をたどって欲しいファイルに到達するのに時間がかかってしまうのです。

このような問題に対して、さまざまな解決策が提案されてきました。たとえば、『「超」整理法』(野口悠紀雄 著)では、資料を時系列に並べる「押し出しファイリング」という方法が提案されています。

資料をキャビネットに並べた状態で、何らかの資料を取り出したとします。そして、その取り出した資料(使った資料)を戻すときは、元の場所ではなくキャビネットの左端に格納します。これを繰り返すと、キャビネットの左側には最近使った資料が、右側にはしばらく使っていない資料が溜まっていきます。「どこに入れたか」よりも、「ある資料より前に使ったか後に使ったか」の方が覚えておきやすいことを利用した方法です。

キャビネットだけでなく、パソコンに保存したファイルでも同じ方法が使えます。多くのファイルを扱っているとき、あまり使わないファイルはずっと使わず、よく使うファイルは頻繁にアクセスする傾向があります。よく使うファイルは更新日時がその都度更新されるため、ファイルの一覧を表示したときに更新日時でファイルを並べ替えれば、目的のファイルに素早くたどりつける可能性が高まります。

どこに分類すればいいのかわからなくなる

フォルダに分類するときの課題として、上記の他に「こうもり問題」があります。「こうもり」を分類するとき、「哺乳類」にも分類できますし、「鳥類」にも分類できます[注10]。このように、複数の項目に分類できる場合、どの項目に分類するのが適切なのか判断できない、という問題です。

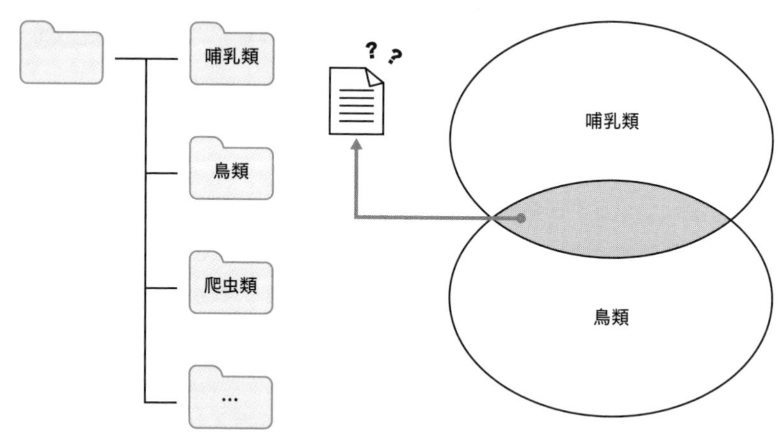

図1-9：こうもり問題

注10：こうもりは実際には哺乳類ですが、「飛ぶ」という特徴をとらえると「鳥」のほうに分類したくなる、といった喩えとして理解してください。

これはファイルの管理でも同じです。あるファイルを格納するフォルダとして、複数の候補が考えられるとき、適切な場所に入れておかないと、あとで探すときに大変です。しかし、2つのフォルダがあり、どちらにも分類できるとき、どちらのフォルダに入れておくのが適切なのかわからないのです。

メールの分類でも同じです。一般的なメールソフトは、受信したメールをフォルダに入れて管理します。この方法はファイルと同様に扱えてわかりやすいのですが、フォルダでの管理では1つのメールを格納できるフォルダは1つだけです。

たとえば、業務内容ごとにフォルダを作成していたとします。このとき、業務内容Aについてのメールの中に、業務内容Bについても書かれていると、どのように分類すればよいでしょうか？

自分がメールを作成する立場であれば、業務内容ごとにメールを分けて送信すればよいのですが、すべての取引先がこのように案件ごとに分けてメールを送信してくれるとは限りません。こうなると、どの業務として分類して保存しておけばいいのか判断が難しいのです。

このような場合、Gmailではメールをフォルダに入れるのではなく、「ラベル」と呼ばれるタグをつけて管理します。1つのメールに複数のラベルをつけられるため、上記の例であれば「業務内容A」というラベルと、「業務内容B」というラベルを両方ともつければよいのです。

こういったタグによる管理に慣れると、普段から使用するファイルでも同じように管理したくなる人もいるでしょう。ファイルをフォルダで分けるのではなく、タグをつけておけば目的のファイルをすぐに見つけられると考えるかもしれません。

実際、macOSでは、ファイルやフォルダにタグをつけられます。この機能を使うと、似たようなことはできます。しかし、このタグはあくまでもそのOSの中だけでしか使えません。macOSとWindowsなど、異なるOSの間でファイルを共有するような場合は使えないのです。

そこで、OS以外の場所でタグをつけて管理することが考えられます。いくつかのノートアプリでは、ノートにタグをつけて管理できることを紹介しました。このようなタグ機能のあるノートアプリでは、特定のタグが付けられているファイルを検索したりできるので、OSやフォルダ階層を意識することなく使えて便利です。

1.4 ノートをつなげて管理しよう

前節ではノートを分類することは難しい、ということについて解説しました。それならば、「そもそも分類しない」という考え方もあります。ノートの分類を考えるのではなく、ノートを作成するときに少しだけ工夫することで管理を楽にすることを考えるのです。
ここでは、ノートの内容などで分類せずにノートを管理する方法について解説します。

クリックするだけで目的の情報にたどりつける

あらゆる記録を1つのノートに並べておいて、探したいものをその中から検索する方法から考えてみましょう。紙のノートでは、最後のページへの追記を繰り返すことで時系列に並びます。

そして、何かキーワードを探したいのであれば、時系列に並んでいるノートから記憶をたどってさかのぼるのです。『「超」整理法』のように、時系列であればある程度順番を覚えていますし、デジタルなノートであれば、検索機能を使えます。

このような考え方で使えるツールとして「Org-mode」があります。Emacsというテキストエディタの中で動作するもので、ノートをテキストファイルの形式で記録しながら、ショートカットキーを使って操作します。1つのファイルでさまざまな情報を管理しておけば、そのファイル内を検索するだけで欲しい情報を見つけられるため、シンプルです。実際に、メモやタスク管理など、さまざまな目的で使われています。

ただし、1つのファイルに記録していると、そのファイルサイズがどんどん大きくなります。何千行、何万行という量になると、ファイル内の検索や移動にどうしても時間がかかるのです。

そこで、膨大なデータでも問題なく管理されているものを真似ることを考えます。たとえば、インターネット上の百科事典である「Wikipedia」を考えてみましょう。Wikipediaには膨大な情報が入っており、他人が作成した項目であっても、目的の情報に容易にたどりつけます。利用者はフォルダの階層をたどってそれぞれのページにアクセスするのではなく、何らかのキーワードで検索し、文書内にあるリンクをクリックしてたどっているのです。

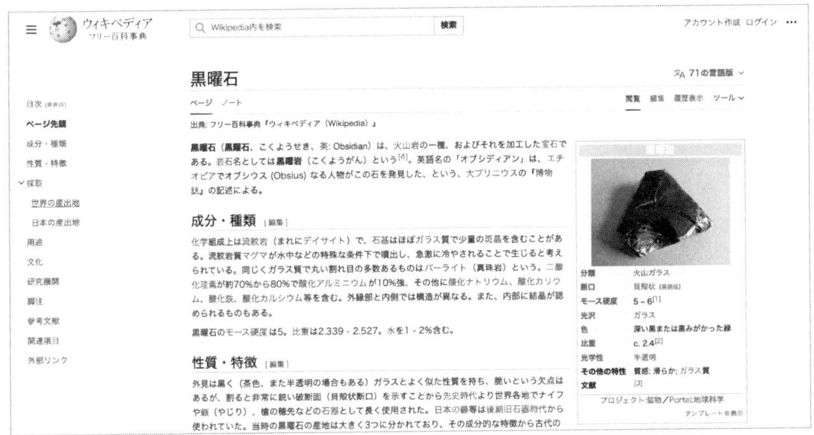

図1-10：WikiPediaでの文書内のリンク

つまり、HTMLで使われる「ハイパーリンク」の考え方で文書間をつなげることで、リンクをクリックするだけで目的の情報にたどりつけるようにしているのです。

もちろん、Wikipediaのような百科事典であれば、リンクを使わなくても綺麗に分類できるかもしれません。しかし、さまざまな情報を正しく分類することは難しく、決めた分類が誰にとってもわかりやすいか、という疑問が残ります。つまり、あまり分類せずに、リンクをたどるほうがうまく管理できるのです。

分類する必要がなくなる

そもそも分類する作業が不要なものとして、国語辞典などの辞書が挙げられます。一般的な辞書は、分類するのではなく五十音順に並べているだけです。五十音順で検索する使い方のみを想定しているため、分類を考える必要がないのです。

しかし、ノートの場合はその見出しを変更することもあるかもしれません。あとで思いついたり、時間が経ってから内容を付け足したり書き換えたりします。このため、ノートは五十音順に表示するような使い方は向きません。

また、分類して保存していると、途中で「ノートを整理したい」という気持ちになります。時間が経つと、自分を取り巻く環境が変わり、フォルダ構成を変えたほうがわかりやすくなると感じるのです。

たとえば、よく使われる分類方法として、以下のようなものがあります。

- プロジェクトごと、製品ごと、イベントごと
- 会社ごと、部署ごと、取引先ごと
- 進捗状況(デザイン、開発、テスト、など)
- 期間ごと(週単位、月単位、年単位、など)

こういった状況が変わるたびにノートを整理しようとすると、とても頭を使います。時間をかけて整理しても、それに見合った効果が得られるとは限りません。

そこで、Wikipediaのようなリンク型の構成を自分のノートでも実現することを考えます。ノート間をリンクでつなげて管理していれば、分類を意識する必要はなくなります。

もちろん、リンクを変更する必要はありますが、ノートそのものを保存している場所は変える必要はありません。

つながりが育つほど使いやすくなる

私たちの頭の中では、情報をどのように記憶しているでしょうか?

短期記憶や長期記憶によっても異なりますし、言葉なのか、映像なのかによっても覚え方は違うでしょう。ある程度は時系列によって覚えていても、一定の期間を過ぎると時系列で記憶をたどるのは難しいものです。

しかし、パソコンのフォルダのように階層的に分類して記憶しているとは思えません。

自分の頭の中がどのような構造なのかを覗くことはできませんが、人間の脳について説明するときに使われる図として、マインドマップがあります。**図1-11**のように中心となる概念から分岐されるイラストで表現され、発想

法を紹介するときによく使われます。

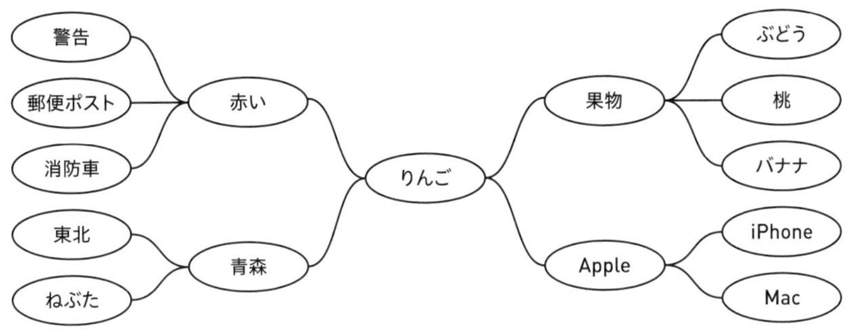

図1-11：マインドマップ

これは、「りんご」を思い浮かべたときに、それに関連する言葉として「赤い」「果物」「青森」「Apple」などがつながっていることを表現しています。そして、「赤い」という言葉から他の赤いものを連想し、「果物」という言葉から他の果物を連想し、「青森」という言葉から都道府県としての青森の特徴を連想し、「Apple」という言葉からApple社のデジタル機器を連想する、というように思考が広がっていきます。

これは連想ゲームのようですが、頭の中で何か言葉を思い出すとそれに関連するキーワードを思い出す、もしくはある写真からその当時の記憶が蘇ってくる、ということは少なくありません。少しのヒントから連なって、過去の記憶を次々と思い出すことがあります。

このような人間の記憶をパソコンやスマホに格納するための構造としては、パソコンのフォルダよりもマインドマップの方が近いように感じます。そして、これはWebでのリンクやWikipediaの考え方に近いものです。つまり、ノートを記録するときに、それぞれのファイルもリンクして作成しておくことで、より使いやすいノートになるというわけです。

ここでのポイントは、とにかくノートとして書き出すことです。頭の中で完結させるのではなく、単語や文章として言葉に書き出して、それを整理して繋げていきます。これを繰り返すと、作成したノートを一元管理できるとともに、目的の情報に素早くたどりつけます。

第2章以降では、このようなノートをどのように作成すればよいのか、その具体的な方法を紹介していきます。

COLUMN

つなげて保存するデータベース

データを分類せずに保存するという考え方を新しいと感じる読者がいらっしゃるかもしれませんが、ネットワーク型のデータベースは古くから存在しています。

たとえば、世界最初の商用データベースは「IDS（Integrated Data Store）」と呼ばれ、ネットワーク型のデータベースでした。その後、階層型のデータベースや関係データベース（リレーショナルデータベース）が登場し、現在はこの関係データベースが多く使われています。

つまり、データを網目のようにつなげて管理する方法は昔から使われていました。階層型での「どこに分類すればいいのかわからない」といった問題がなく、データの冗長性を排除できる手法ですが、データの構造を理解しなければ検索が難しいことなどから、現在のデータベース製品としては関係データベースが普及しています。

しかし、個人のノートなどでは、本書で解説するObsidianや、よく比較されるScrapboxやNotionなど、つなげて保存するツールは今後も注目されると考えられます。

第 2 章

Obsidianを
はじめよう

2.1 Obsidianの特徴

第１章で紹介した「ノートアプリに求めるポイント」を満たすアプリとして、本書では「Obsidian」[注1]をおすすめし、本書全体のテーマとしています。ここでは、Obsidianがどんな特徴を持つノートアプリなのか、その基本的な機能について解説します。

Obsidianとは

Obsidianは2020年に公開された比較的新しいノートアプリで、世界中で使われています。EvernoteやNotionのように会員登録して利用するサービスではないため、実際の利用者数を調べることはできませんが、100万ダウンロードを突破しており、Discord上のコミュニティ「Obsidian Discord chat」[注2]には、執筆時点で10万人を超える利用者が参加しています[注3]。

また、「Obsidian forum」というWeb上の掲示板では、公式のアナウンスだけでなく、利用者間での使い方についてのやり取り、不具合の報告などが頻繁に投稿されています。こちらはほぼ英語ですが、「最新の情報が知りたい」「うまく動かないが不具合なのか知りたい」といった場合には、このサイトにアクセスすると欲しい情報を得られる可能性があります。

ObsidianはWindowsやmacOS、Linuxのアプリが公開されているだけでなく、2021年7月にはモバイルアプリが公開され、iOSやiPadOS、Androidにも対応しました。さらに、2022年10月には「1.0」というバージョンがリリースされました。

その後も毎月のようにアップデートが公開されており、そのたびに新しい機能が追加されるなど、活発に開発が進められています。

注1　：https://obsidian.md/

注2　：https://obsidian.md/community

注3　：https://obsidian.md/blog/new-obsidian-icon/

ローカル環境で動作

第1章で紹介した「すぐに起動できる」という要件を満たすには、Webアプリのようにネットワーク経由でデータを読み込むのではなく、手元のパソコンやスマホだけで動くアプリが求められます。この要件を満たすノートアプリとして、Windowsのメモ帳やmacOSのメモアプリ、iOSのメモアプリ、AndroidのGoogle Keepなどたくさんあることを紹介しました。最近では、LogSeq[注4]やDendron[注5]などのアプリもあります。

ObsidianはWindowsやmacOS、iOSやAndroid、Linuxに至るまでさまざまなOSに対応したアプリが提供されています。個人で利用する場合は無料で利用でき、会員登録も不要です。

Obsidianでは、パソコンやスマホにアプリをインストールし、データもそのパソコンやスマホに保存します。つまり、インターネットに接続する必要はありませんし、サービスが終了してもデータが手元に残ります。ノートの記録や閲覧にもインターネットへの接続は不要です。

このような、パソコンやスマホがネットワークに接続していないような環境を「ローカル環境」といいます。Obsidianはローカル環境でアプリが動作し、データもその中に保存するのです。

デジタルデータにはコピー＆ペーストが可能だという特徴があることも第1章で解説しました。紙の書籍に書かれている文章を引用するときは、自分でキーボードから入力しなければなりません。写真として撮影してOCR処理する、音声として読み上げて入力するなどの方法もありますが、デジタルデータとしてコピーできれば正確かつスピーディです。

デジタルデータでも独自のファイル形式で保存されていると、対象のファイルを開けるアプリを開いて検索する必要がありますが、テキストファイルであればファイルを個別に開かずに検索できます。WindowsやmacOSでは、ディスク内に保存されているファイルの中から一括で検索できます。

これがインターネット上の会員制のサービスであれば、それぞれのサービ

注4　：https://logseq.com/

注5　：https://www.dendron.so/

スにログインして検索しなければなりません。このように、データを容易に検索、再利用できることを意識すると、ローカル形式のメリットが明らかになります。

一方、ローカル環境で動作することで生じうる問題もあります。「データの消失」や「データの連携」です。

まずは「データの消失」について考えてみましょう。データを1台のコンピュータに保存していると、誤ってファイルを削除してしまったり、ハードディスクが壊れたりするとデータが消えてしまいます。つまり、データを自分で管理する必要があり、定期的に外付けハードディスクやUSBメモリなどにバックアップしている人もいるでしょう。手元にデータを保存していると、このようなバックアップを自由に作成できるのはメリットだとも言えます。

もう1つの「データの連携」について考えてみましょう。現在では1人でパソコンやスマホなど、複数の端末を使うことは当たり前になりました。このとき、データを連携できないと困ります。これに対する解決策がファイル共有サービスの使用です。たとえば、Google DriveやiCloud、OneDrive、Box、Dropboxなど多くのファイル共有サービスが使われています。これらを使うと、複数のコンピュータ間でデータを連携できますし、ハードウェアの故障にも対応できます。ある環境でデータを変更すると自動的にサーバーに送信し、他の端末で変更内容を受信できます。

しかし、携帯電話の電波が届かない場所にいるなど、ネットワークに接続できない環境では自分のデータにアクセスできません。一昔前に比べるとインターネットは高速になりましたが、移動中で電波が届かなかったり、つながりにくかったりする場所はまだまだたくさんあります。ネットワークに障害が発生する可能性もあるでしょう。また、サーバー側で何らかの障害が発生すると、ネットワークに接続できる環境にあったとしてもノートを閲覧することもできなくなってしまいます。

ノートの閲覧や一時的な記録だけであれば、前回アクセスしたときの内容を手元に保存しておいて使えるかもしれませんが、ノートの記録や最新内容の取得にはインターネットへの接続が必要です。

こうなると、短時間であっても自分のノートにアクセスできないのです。また、アクセスできたとしても、回線速度が遅いと表示されるまでに時間がかかります。

さらに、上記で解説したように、アプリの開発会社の倒産や、開発の終了などによりノートアプリのサービスそのものが終了する可能性もあります。「Evernoteが買収される」という報道がありましたが、現時点では問題なくても、ライバルの登場によって利用者が減少し、サービスの運営が成り立たなくなることもあるのです。

アプリが終了すると、自分のノートであるにもかかわらず、そのノートを閲覧できなくなる可能性があるのです。これは、自分で自分のデータを管理できない、というリスクだと言えます。

そこで、手元のパソコンやスマホにデータを保存しておき、インターネッ

COLUMN

CatalystとCommercial、Unlimited

Obsidianは、個人では無料で使用できますが、「Catalyst」というプランで25ドル以上支払うことで開発をサポートでき、開発者向けのInsider Buildという実験的なバージョンをダウンロードできます。また、支払った金額によって、上述のDiscord上のコミュニティやフォーラムで表示されるバッジが変わります(25ドルで「Insider」、50ドルで「Supporter」、100ドルで「VIP」)。

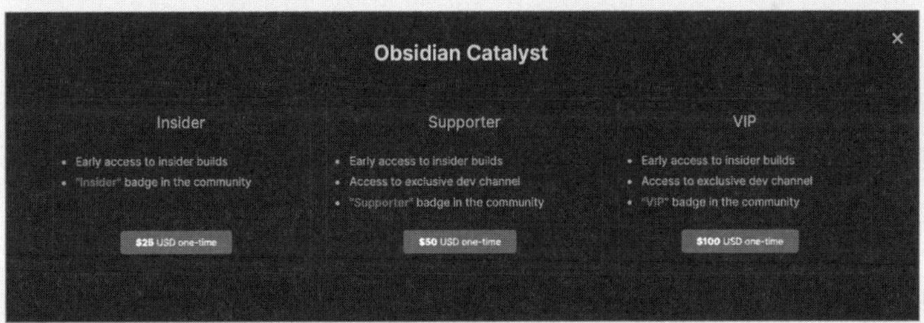

図2-a：Obsidian Catalystのページ

なお、商用利用したい場合には、商用ライセンスのCommercialというプランで年間50ドルの支払いが必要です。さらに、Obsidianに寄付することもできる「Unlimited」もあります。まずは上記のCatalystとなり、さらに貢献したい場合は追加で寄付してもよいでしょう。

トなどに接続しているときに自動的に同期しておくのです。この方法を使えば、インターネットに接続できない環境でも手元にあるデータにはアクセスできます。

このようにして、インターネットに接続しているときにデータを同期しつつ、インターネットに接続していないときも自分のデータへのアクセスを担保できるようになるわけです。

また、有料ですがObsidian Syncという同期サービスも提供されています。これらの設定については、本章の「複数デバイスでの同期」で詳しく解説します。

Markdown形式で記録

テキスト形式で記録することの重要性を第1章で解説しましたが、テキスト形式といってもScrapboxのように独自の記法を使用しているサービスもあります。このようなサービスでは新しい記法を覚えなければならないことや、他のアプリに移行するのが難しい、といったデメリットがあります。

Obsidianでは第1章で紹介した「Markdown」という記法でノートを作成します。そして、作成したそれぞれのノートはMarkdown形式の単独のファイルとして一般的なフォルダ内に保存するため、Markdownを扱える他のアプリからでも容易に表示、編集できます。

Markdownはテキスト形式の記法であるため、内容はただのテキストファイルです。このため、Obsidianが使えなくなってもVisual Studio Codeなどのテキストエディタがあれば編集できますし、他のMarkdownエディタを使う方法もあります。どんなパソコンやスマホでも表示、編集、検索などが可能ですし、Markdownに対応したアプリがたくさん提供されています。つまり、Obsidianの開発が止まってしまっても、他のアプリでノートを管理できるのです[注6]。

Gitなどのバージョン管理ソフトとの相性が良いことも特徴です。バージョン管理ソフトを使うことで、いつ、誰が、どこを、どのように編集したのか、という履歴を管理できます。ITエンジニアはGitやGitHubを使っていることが多いため、ノートのバージョン管理も兼ねてGitを使うこともできます。

注6 ：もちろん、「プラグインが動かない」という問題はありますが、データは保護されます。

Markdownでノートを作成し、ローカルに保存できる、というだけであれば、同じような機能を持つアプリはたくさんあります。一般的には「Markdownエディタ」と呼ばれ、具体的には次のようなアプリがあります。

- Typora[注7]
- Bear[注8]
- Boostnote[注9]
- Joplin[注10]
- WZ Markdown Editor[注11]

このため、ローカル環境で動作し、Markdownで管理するだけであればMarkdownエディタやテキストエディタが備える機能で十分で、Obsidianは必要ないと感じるかもしれません。こういったツールに対し、Obsidianは「PKM(Personal Knowledge Management)ツール」と呼ばれることがあります。

一般的なMarkdownエディタと比較してどういった違いがあるのか、以降で紹介します。

内部リンクとバックリンク

第1章では、Wikipediaなどがリンクによって情報を管理していることを解説しました。Wikipediaに限らず、インターネット上で公開されているWebサイトでは、ファイルをフォルダに格納していますが、利用者がそのフォルダ構成を意識することはあまりありません。

Webサイトを閲覧するとき、フォルダを開いてそのフォルダ内にあるファイルの一覧から中身を確認するのではなく、ハイパーリンクを使って文書を閲覧しています。リンクをクリックするだけで他のページにジャンプできるため、階層を意識せずに、ネットワーク型でファイルをたどれます。

ここで問題になるのは、「どうやってリンクを設定して管理するのか」です。HTMLでリンクを記述するためには、HTMLの記法を学ぶ必要がありますし、

注7 : https://typora.io/

注8 : https://bear.app/

注9 : https://boostnote.io/

注10 : https://joplinapp.org/

注11 : https://www.wzsoft.jp/wzme/

ファイルがどこに保存されているのか、フォルダの階層構造を意識しなければなりません。

利用者はフォルダの階層構造を意識する必要はありませんが、サイトの管理者や更新担当者は階層構造を意識する必要があるのです。ノートを作成する人はこの管理者のような立場に該当します。複数人で管理しているときなど、他の人が更新した内容を把握するのは大変です。

Wikipediaでは、他のノートとの間にリンクを作成するためのシンプルな仕組みを用意しています。具体的には、Wikipedia内のリンクに「ウィキリンク（内部リンク）」という記法を使います。これは、リンクする先の「ページの名前」を2つの角括弧（`[[ ]]`）で囲む方式です。

たとえば、あるページの本文に**`[[Wikipedia]]`**と書くと、「Wikipedia」と表示されたリンクが作成され、クリックすると「Wikipedia」という項目のページに飛ぶのです。この書き方であれば、「Wikipedia」について説明したページがどこに保存されているのかを意識する必要はありません。

Obsidianでもこのような記法が用意されています。ノート内で角括弧を2つ並べて挟むだけで、他のノートにリンクできます。Obsidianでは、「Obsidian」というタイトルのページではなく、「Obsidian.md」というファイル名のノートにリンクされます。もし「Obsidian.md」というファイル名のファイルが存在しなければ、リンクをクリックしたときに自動的にファイルが作成されます。このようなリンクを簡単に作れるのは便利です。

図2-1：内部リンクの表現

こうした内部リンクは「アウトゴーイングリンク」とも呼ばれ、他のページに飛ぶためのものです。このリンクだけであれば、多くのツールが備えています。しかし、Obsidianには「バックリンク」という機能もあります。

これは、あるページにリンクしている「リンク元のページ」の一覧を表示する機能です。たとえば、A、B、Cの3つのページから「Obsidian」というページにリンクしていたとします。ここで、「Obsidian」というページを開くと、どこのページからリンクされているかの一覧（A、B、C）を表示してくれるのです。

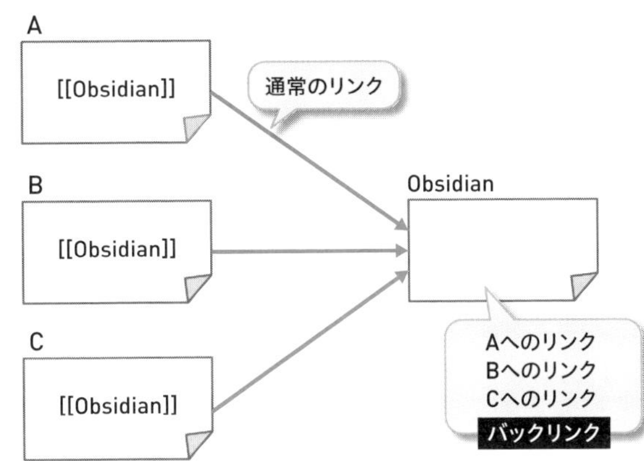

図2-2：バックリンクのイメージ

これは、ブログでの「トラックバック」[注12]に似た仕組みだといえます。リンクを作成するだけで、バックリンクが自動で表示されるので、ノートを作成するときは一方向からリンクを作成するだけでよいのです。

このバックリンクのしくみは、Scrapboxなどのノートアプリが備えており、あるノートから他のノートにリンクしたときに、どこのノートからリンクされたのかがわかるため便利です。バックリンクを使えると、それぞれのノートから双方向にリンクする必要がなく、手間を減らせます。

階層型のタグ

ノート間をリンクでつなげることで、他のノートをたどれますが、リンクを作成するだけでなくノートを分類したいこともあるでしょう。そんなとき

注12：ブログなどのWebページに対して、他のWebページがリンクを貼ったことを通知する仕組み。

にObsidianでは「タグ」を使えます。第1章で解説したGmailにおいてそれぞれのメールにラベルをつけるイメージです。

ノートにタグをつけておくと、そのタグで検索したときに、当該タグがついたノートの一覧を表示できます。このようなタグをつける機能はiOSやmacOSなどの標準のメモアプリのほか、ScrapboxやNotionといった多くのノートアプリが備えています。

これらのアプリでは、たとえば「プログラミング言語のPHPについて書いたノート」にタグをつけるときは、「**#PHP**」のように指定します。こうすればタグをクリックするとPHPに関するノートを検索できるようになるわけです。しかし、タグとして「**#PHP**」のような単語を使うと、プログラミング言語のPHPだけでなく、月刊誌のPHP[注13]についてのノートも表示されてしまうかもしれません。

Obsidianが Scrapboxなどのアプリと違うのは、「階層型のタグ」を使えることです。もしプログラミング言語のPHPと月刊誌のPHPを分類したいなら、次の例でそれぞれの最終行に書いたような階層的なタグをつけます。

PHP入門.md

```
# PHP入門

PHPは主にWebアプリの開発に使われるプログラミング言語です。
……

#プログラミング言語/PHP
```

月刊PHP.md

```
# 月刊「PHP」

月刊「PHP」は創刊から75周年を迎える歴史ある月刊誌です。
……

#月刊誌/PHP
```

これにより、プログラミング言語のPHPに関するノートを表示したい場合は、「**#プログラミング言語/PHP**」というタグで検索できるようになります。

注13：https://www.php.co.jp/php/

このようにスラッシュで区切って階層的なタグを使えるのはObsidianのメリットです。

さらに、この階層型のタグでは階層の上位の部分だけで検索できるのも便利です。たとえば、「**#プログラミング言語**」で検索すると、他のプログラミング言語についてのノートも含めて検索できます。

プラグインによる拡張

Notionなどの一般利用者向けのアプリは、クラウドで提供され、便利な機能が最初からたくさん用意されています。これらは容易に使える一方で、その機能をほとんど使いこなせていない人もいるでしょう。それらを使わない人にとっては不要な機能がアイコンなどで表示されるため、煩わしく感じることもあります。

一方、Obsidianは非常にシンプルで、標準では基本的な機能だけが用意されています。それでも、ノート間でリンクを作成し、タグをつける、といった機能はデフォルトで有効になっているため、標準機能だけでも便利に管理できます。

そのうえで、もっと便利に使いこなしたい、と思ったときには、欲しい機能を「プラグイン」という形で自由に追加できます。世界中の開発者がプラグインを開発・公開しており、Obsidianの設定画面から無料で導入できます[注14]。これにより、ノートを単純に記録するだけでなく、データベースとして使うなどさまざまな活用方法が考えられます。

手帳として使うためにカレンダーを表示したい、データベースとして使いたい、など使いたい機能に応じて便利なプラグインが提供されており、これらを自分の好みに合わせて追加できるのです。これはITエンジニアなど、さまざまなものを組み合わせて欲しい機能を実現したい人に向いていると言えるでしょう。

注14：一部のプラグインでは利用にあたり寄付を募集しているものもあります。

COLUMN

Obsidianに向いていないもの

本文ではObsidianを使うメリットについて紹介しましたが、どんなデータもObsidianで管理するのが適切だとはいえません。たとえば、企業での情報管理を考えてみましょう。

複数人で情報を共有するための資料を作成するときは、クラウド型のノートアプリが便利です。Obsidianのようにローカルで管理するよりも、ScrapboxやNotionのようにクラウドで同期してくれるほうが、データの管理も楽ですし、複数人がリアルタイムで同時に編集しても問題が起きることが少ないものです。

また、利用者のスキルの差も考えなければなりません。Obsidianはさまざまなことができますが、その見た目はシンプルで、初心者には何をどうすればよいのかわかりにくく、最初はハードルが高いものです。Obsidianはあくまでも「自分のノート」をデジタルで管理するために使うのが良いと考えられます。

WordやExcel、PowerPointといったオフィスソフトが向いている文書もあります。ObsidianはMarkdownで文章を作成してPDF形式で出力できるため、文書の作成にも使えます。しかし、その使い勝手や細かなデザインを考えると、Wordのほうが便利です。特に広報が使うような文書を作成する場合は、Wordなどの文書作成ソフトを使いましょう。

表形式の資料もMarkdownで作れますが、手作業での計算は面倒ですし、Excelのほうが使い勝手もいいでしょう。Obsidianには「スライド」の機能があり、プレゼン資料も作成できますが、PowerPointの自由度には勝てません。

このように、Obsidianがどのような内容の記録に向いているのかを意識して使うことが大切です。本書では「ノート」を中心に、個人が自分のために記録する目的で解説しています。

2.2 Obsidianの基本操作

Obsidianでどんなことができるのかわかったところで、実際にインストールして、その操作を体験してみましょう。この節では初期設定と基本的な操作について解説しますので、パソコンやスマホを使って、手を動かしながら読み進めてください。
なお、本書ではスクリーンショットをすべてWindowsで撮影していますが、macOSやLinuxでも基本的には変わりません。iOSやiPadOS、Androidでは表示されるレイアウトが異なりますが、使用できる機能に大きな差はありません。スマホならではの機能もありますので、ぜひ設定画面を探してください。
また、キーボードでのショートカットについてはWindows版を中心に記載し、カッコ内でmacOS版についても触れています。

Obsidianのインストールと初期設定

Obsidianはローカルで動くアプリなので、インストールが必要です。Windowsの場合は、他の一般的なアプリと同じように公式サイトからダウンロードしてインストールします。

公式サイト[注15]にアクセスして、「Get Obsidian for Windows」を押すとダウンロードできます。ダウンロードした実行ファイルを開くと、次のような画面が表示されます。画面下にある言語を選択する部分で「日本語」を選択すると、表示が日本語に変わります。文字が中国語のフォントで表示されていますが、初期設定完了後に、Obsidianの設定画面にてフォントを選択できるので、このままで問題ありません。

注15 ：https://obsidian.md/

図2-3：Obsidianの起動画面

macOSの場合は、公式サイトからダウンロードしてインストールする方法の他に、Homebrew[注16]を使ってインストールする方法もあります。Homebrewを導入していれば、次のコマンドを実行するだけです。

```
$ brew install obsidian
```

iOSやiPadOSの場合はApp Storeから導入できますし、Androidの場合もGoogle Playストアから導入できます。

インストールが完了すれば、初期設定を行います。上記の画面で「保管庫を新規作成する」の欄の「作成」ボタンを押して、「保管庫(vault)」を指定します。ここでは、「保管庫の名称」として「memo」という名前をつけて、「ロケーション」から保存する場所(フォルダ)を指定しています。

注16：https://brew.sh/index_ja

図2-4：保管庫の指定

保管庫は一般的なフォルダですが、Obsidianではこのフォルダに含まれるファイルだけを管理します。その他のフォルダにあるファイルはObsidianからは操作できません。設定ファイルなどもこのフォルダに格納されるため、Obsidian専用のフォルダを作成するとよいでしょう。

そして、「作成」ボタンを押すと、**図2-5**のような画面が表示さます。これで初期設定は完了です。

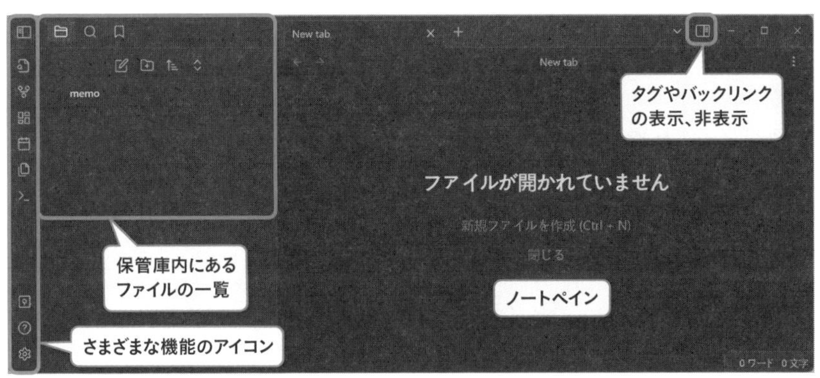

図2-5：初期設定の完了画面

なお、プライベートと仕事を分けたい、プロジェクトごとに保管庫を分けたいといった場合には、複数の保管庫を作成し、同時に開くこともできます。

複数のパソコンやスマホでデータを共有したい場合は、この保管庫のフォルダをiCloudやGoogle Driveなどのファイル共有サービス上に作成する方法が手軽です。その他、複数の端末での同期については、本章の最後で解説します。iPhoneやiPadとiCloudで共有する場合には、保管庫を作成できる場所が決まっていますので、先にiPhone上でアプリをインストールして保管庫を作成しておくとよいでしょう（もちろん、保管庫はただのフォルダなので、あとからファイルをコピーすることもできます）。

他の端末で作成した保管庫のフォルダを同期していれば、起動時の画面で「保管庫としてフォルダを開く」を選ぶだけでデータが読み込まれます。

図2-5を見ると、左端にアイコンが並んでいます。このアイコンをクリックすることで、さまざまな操作ができます（マウスカーソルを当てると、それぞれのアイコンにどのような意味があるのか表示されます）。その右には保管庫内にあるファイルの一覧が表示されます。この保管庫に、新たにフォルダを作成しても良いですし、すべてのファイルを保管庫のフォルダ直下に直接格納しても構いません[注17]。ノートを作成すると、ここにファイルの一覧が表示され、フォルダを作成すると階層的に表示されます。

さらに右側に表示されているのが「ノートペイン」です。このノートペインを使って、Markdown記法で自由にノートを作成できます。

なお、画面の右端にはタグをつけたものやバックリンクを表示できる画面が折り畳まれています[注18]。左右のファイル一覧やタグなどを表示する場所は「サイドバー」と呼ばれ、サイドバーに表示する項目や配置はドラッグ＆ドロップで移動して自由に並べ替えられます。

画面の左下にある歯車のアイコンを押すと、設定画面が開きます。ここでエディタや外観、ホットキー（ショートカットキー）などの設定を変更できます。Windowsの場合、まずはフォントを日本語の書体に変更しましょう[注19]。

設定画面を開き、「外観」の中にある「インターフェースフォント」や「テキストフォント」などの「管理」ボタンを押し、好きなフォントを選んでください（ここでは「BIZ UDPゴシック」などを選んでいます）。また、一番上にある「ベーステーマ」では、好みに合わせて「ダーク」と「ライト」のテーマを切り替えられます（ここでは「ライト」を選んでいます）。

注17：保管庫のフォルダ内にあるファイルに対しては、ウィキリンクで自由に参照できます。

注18：右上のアイコンを押して「表示」「非表示」を切り替えられます。

注19：Windowsの場合は日本語のフォントを指定すると読みやすくなります。macOSの場合は標準のままでも問題ないでしょう。

図2-6：外観の設定

はじめてのノート作成

設定が終わったら設定メニューを閉じ、ノートを作ってみましょう。ファイル一覧の一番上にあるアイコンから「新規ノート」を選んでも構いませんし、ファイルが開かれていないときに、ノートペインの中央に表示される「新規ファイルを作成」を押してもよいでしょう。キーボードから「Ctrl + N（Command + N）」のショートカットキーを押す方法もあります。

これで「無題のファイル」が作成され、ノートペインに空のノートが表示されます。左の「ファイル一覧」にも作成したファイル（無題のファイル）が表示されています。

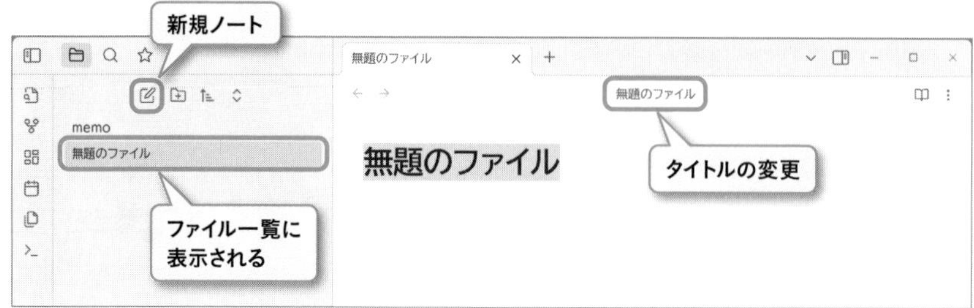

図2-7：ノートの作成

最上部のタイトル欄にノートのタイトルを入れ、本文を変更すると、ファイルが自動的に上書き保存されます。タイトル部分を変えると、ファイル名も自動的に変わります。

ノートのタイトルが「Obsidian」であれば、「Obsidian.md」というファイル名が付けられます。つまり、タイトルの名前でファイルが作成されるのです。「.md」という拡張子が表すように、Markdown形式で保存されています。

なお、Obsidianではファイルの保存に特別な操作は不要です。キーボードから文字を入力するたびに、そのファイルに上書き保存されます。誤って編集してしまわないように注意しましょう。

Obsidianには、ノートを編集するためのモードとして「ライブプレビュー」と「ソースモード」の2種類が用意されています。

ライブプレビューは、Markdown記法で記入すると、見出しや箇条書きなどMarkdownで書いたものを自動的にプレビューしてくれるモードです。ソースモードは、Markdown記法のままで編集するモードです。

初期設定では編集モードが「ライブプレビュー」に設定されています。設定画面の「エディタ」で「デフォルト編集モード」を「ソースモード」に切り替えると、最初からソースモードで編集できます。

Obsidianで新規ノートを作成すると、ノートが編集モードで開きます。編集が終わると、それを閲覧モードで閲覧できます。閲覧モードではノートの内容を変更できないため、誤って入力して書き換えてしまうことを防げます。

編集モードから閲覧モードに切り替えるには、ノートペインの右上にあるノートのアイコンをクリックするか、「Ctrl + E（Command + E）」を押します。閲覧モードから編集モードに切り替えるには、鉛筆のアイコンをクリックするか、「Ctrl + E（Command + E）」を押します。つまり、「Ctrl + E（Command

+ E)」を押すと、編集モードと閲覧モードが交互に切り替わります。

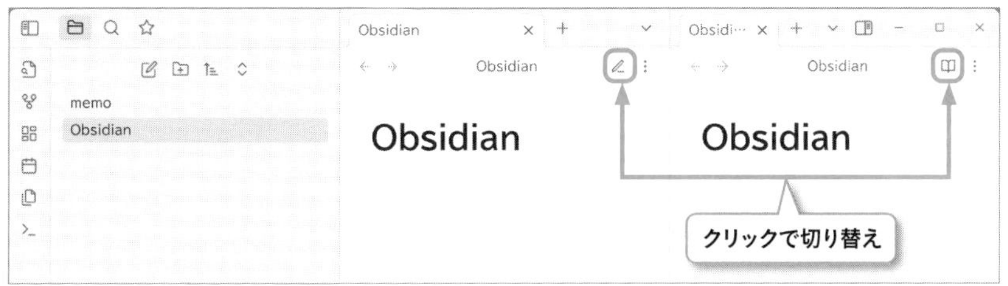

図2-8：編集モードと閲覧モードの切り替え

ノートのタイトルの付け方

パソコンのフォルダ階層では、「A」という名前のフォルダと「B」という名前のフォルダがあれば、それぞれのフォルダに同じ名前のファイルを格納できます。たとえば、「プロジェクトA」のフォルダに「議事録.txt」というファイルがあり、「プロジェクトB」のフォルダにも「議事録.txt」というファイルがあることは珍しくありません。

しかし、Obsidianではフォルダを意識せずに使うことが多く、同じタイトルのノートを複数作る考え方は適していません。Wikipediaのように、1つの物事は1つのノートで完結させることが基本で、各ノートに最適なタイトルをつけるべきなのです。

このため、ノートのタイトルを工夫するとよいでしょう。たとえば、タイトルに日付を入れて、「議事録(2023-08-01)」のような名前で作成しておくと、同じ日に打ち合わせが複数なければ、議事録のファイルが重複することはありません(実際には、打ち合わせの内容をタイトルに入れたほうがよいでしょうが)。

このようにタイトルに日付を入れるのは、重複を避けるためでもありますが、それ以外にも得られる効果があります。

たとえば、ノートの切り替えが挙げられます。Obsidianで他のノートを開くときは、「クイックスイッチャー」という機能をよく使います。これは、ノートのタイトルに含まれる単語で検索して移動できる機能です。このため、日付をタイトルに入れておくと、検索欄に日付を入力したときに、その日付に関連するノートが、検索結果の候補として表示されます。

これは、指定した日付のノートを探したいときだけでなく、「前年同月の記録を調べたい」といったときにも役立ちます。打ち合わせの議事録のノートを作成しているとき、ざっくりした日付を覚えていれば過去の議事録をある程度絞り込んで探せるのです。

また、Obsidianには他のノートからリンクされたときに表示されるバックリンク（リンクされたメンション）だけでなく、「リンクされていないメンション」という機能があります。ノートのタイトルに日付を入れておけば、リンクを明示的に作らなくても、日付がタイトルとなっているノートを開いたときに、その日に関係するノートがサイドバーに表示されます。

未来の日付をタイトルに入れたノートを作成しておくと、その日の日付をタイトルにしたノートを作ったタイミングで、「リンクされていないメンション」に表示されるのです。これはリマインダーのように使うこともできるといえます。

第6章で紹介するDataviewプラグインを使えば、タイトルだけでなく「タイトルに含まれる日付」で並べ替えることも可能です。

なお、Obsidianでは、ノートのタイトルがそのままファイル名になります。このため、日付として「2023/08/01」のように「/」（スラッシュ）を含むタイトルにすると、macOSでは「/」がフォルダの区切り文字だと判断されます。Windowsではそもそもこのようなファイル名を付けられません。このため、日付をファイル名の全部または一部に使いたい場合は、「2023/08/01」ではなく「2023-08-01」のようにします。

同様に、「TCP/IP」などのタイトルをノートにつけると、「TCP」フォルダの中の「IP.md」というファイル名になってしまいます。これを避けるためには、次のような対応が求められます。

- スラッシュを取った「TCPIP」のようなタイトルにする
- 全角文字を使った「TCP／IP」のようなタイトルにする
- 他の文字に置き換えた「TCP_IP」のようなタイトルにする

ファイル名に使える文字はWindowsとmacOSで異なるため、タイトルにつける文字を意識しないと複数のパソコンで同期するときにエラーが発生します。たとえば、Windowsでは、「¥/:*?"<>|」のような文字をファイル名やフォルダ名に使うとエラーになります。macOSでは「:」は使えませんが、他の文

字は使えます。

他にも、「#」という記号は見出しに使われるため、タイトルとして使えません。このため、プログラミング言語の「C#」のノートを作りたい場合は、「CSharp」や「Cシャープ」のような形にしなければなりません。

こういった問題を避けるためには、ファイル名をシンプルにして、後述する「エイリアス(別名)」を使う方法も検討するとよいでしょう。

Markdownの基本

Obsidianでノートを作成するには、Markdownに慣れる必要があります。Markdownでは、一般的なテキストファイルに保存するときと同じように、特に書式などを指定せずに文章を入力するだけでも使えますが、基本的な記法を知っているだけで、見やすいノートを作成できます。

ここでは基本的な記法のみを紹介し、もっと高度な記法については巻末に付録としてまとめました。なお、以下でObsidianのノートを左右に表示している図は、左側が編集モード(ソースモード)にてMarkdownで書いたもので、右側はそれを閲覧モードにて表示したものです。

見出し

見出しは半角の「#」記号を並べて表現します。この「#」と見出しの文字の間には半角スペースを1つ入れます。半角スペースを入れないと、タグだと認識されるため注意しましょう。

たとえば、次のように書くと、違う大きさの見出しを表現できます。

```
# 見出し1
## 見出し2
### 見出し3
#### 見出し4
```

なお、見出しに使えるのは6段階までです。「#」を7つ並べても7番目の見出しにはなりません。

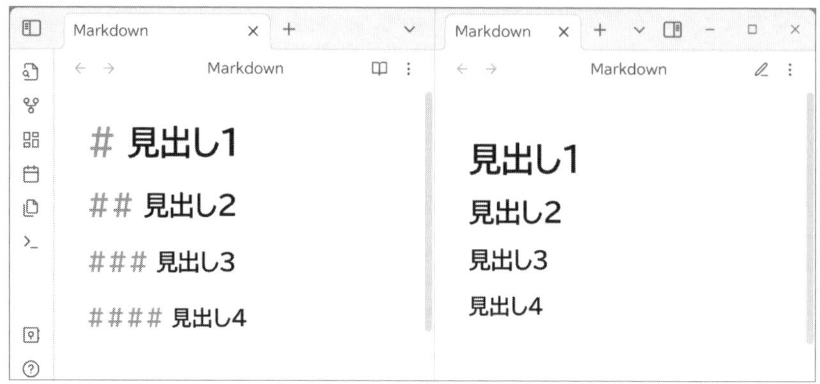

図2-9：見出し

箇条書きと番号付きリスト、タスク

箇条書きを作成するには、先頭に「-」、「+」、「*」のいずれかの記号を書きます。そのあとに半角スペースを1つ入れ、内容を記述します。最後に空行を入れると、そこまでが箇条書きになります。

半角スペースやタブを先頭に入れてインデント（字下げ）すると、それだけ階層が深くなります。

```
- 箇条書き1
- 箇条書き2
    - 箇条書き2_1
    - 箇条書き2_2
- 箇条書き3
```

図2-10：箇条書き

番号付きリストにしたければ、数字とピリオドを先頭に書き、半角スペース1つに続けて内容を記述します。これもインデントすると、階層が深くなります。

```
1. 番号付きリスト1
2. 番号付きリスト2
    1. 番号付きリスト2_1
    2. 番号付きリスト2_2
3. 番号付きリスト3
```

図2-11：番号付きリスト

なお、連番が自動的に付与されるので、数字部分にはすべて「**1**」などを指定しても問題ありません。

```
1. 番号付きリスト1
1. 番号付きリスト2
    1. 番号付きリスト2_1
    1. 番号付きリスト2_2
1. 番号付きリスト3
```

図2-12：番号付きリスト（すべて同じ数字）

箇条書きの内容の前に「**[ ]**」または「**[x]**」を加えると、タスクを管理できるようなチェックボックスのついた箇条書きを作成できます。「**[ ]**」のときはチェックされていない（完了していない）タスク、「**[x]**」のときはチェック済み（完了した）タスクを意味します。

```
- [x] タスクA
- [ ] タスクB
- [ ] タスクC
```

Obsidianの閲覧モードで開くとそれぞれの行にチェックボックスが表示され、タスクに対する完了・未完了のチェックをマウスでオン・オフできるので便利です。

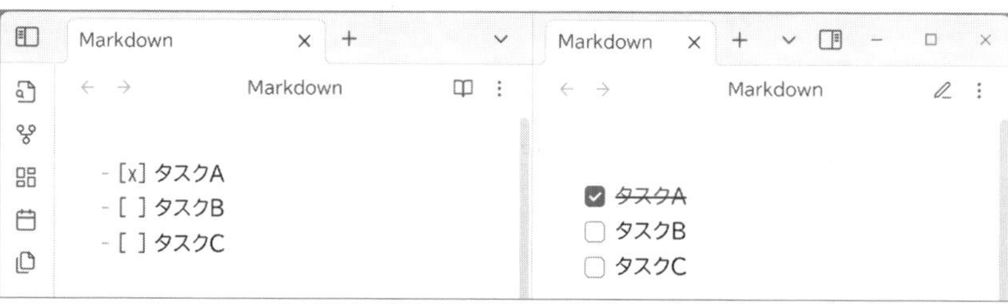

図2-13：チェックボックス付きのリスト

フロントマター

Markdown文書の先頭には、そのノートの情報を書き込むためのブロックを作成でき、これを「フロントマター」といいます。一般的には、YAML形式[注20]で、ファイルの先頭に「**---**」で囲んで記述します。

```
---
tags:
    - 軽量マークアップ言語
    - 記法
---

# Markdown
```

注20：設定などを記述するときに、インデントを使って表現する記法。

フロントマターは人間が読むために記述するというよりは、コンピュータが処理するのに便利なように記述するもので、「メタデータ」とも呼ばれます。具体的には、文書の作成日時やカテゴリー、タグ、作成者名など、その文書についての情報を含められます。

フロントマターは、静的サイトジェネレーターなどのツールで利用され、文書の生成やテンプレートの処理に必要な情報を提供します。初心者の方でも、フロントマターを使うことで、自分の文書をより詳細に整理し、管理することができます。

たとえば、ファイルの先頭で次のように書きます。

```
---
tags:
    - Markdown
    - ソフトウェア
aliases:
    - オブシディアン
---

# Obsidian
```

複数の項目を指定する場合は次のように横に並べることもできます。

```
---
tags: ["Markdown", "ソフトウェア"]
aliases: "オブシディアン"
---

# Obsidian
```

これは、「Obsidian」というファイルの先頭に、タグとエイリアス（別名）を設定したものです。タグは本文中で「**#**」に続けて書くこともできますが、このように冒頭に書くこともできます。

エイリアスは「別名」なので、同じファイルに別の名前を付けられます。上記のように書いておくと、アルファベットの名前（Obsidian）を忘れてしまっていても、カタカナの名前（オブシディアン）を入力することで、リンクや後述するクイックスイッチャーなどの候補として表示できます。

2.3 Obsidianのプラグインとカスタマイズ

Obsidianの基本的な操作を解説したことで、Obsidianは標準の設定でもモダンな見た目で十分な機能を備えていることがわかりました。もちろん、標準の設定だけで使うこともできますが、カスタマイズすることでより使いやすくできます。
この節では、プラグインの導入に加え、ホットキー（ショートカットキー）の設定や見た目の変更などについて解説します。

コミュニティプラグインの有効化とコアプラグインの設定

Obsidianは標準の状態でもMarkdownエディタとして十分な機能を備えていますし、バックリンクなども使えます。しかし、プラグインを導入することで、さまざまな機能を追加できます。Obsidianは初心者にとっては「リンクできるMarkdownエディタ」ですが、上級者にとっては「なんでもできるエディタ」なのです。

Obsidianのプラグインには、コアプラグインとコミュニティプラグインがあります。コアプラグインは標準でインストールされており、その機能を使うかどうかを利用者が選べるものです。また、コミュニティプラグインは世界中の開発者が独自に開発したものを利用者がダウンロードして導入できるものです。

公開されているコミュニティプラグインを導入するには、設定画面を開き、左側のメニューから「コミュニティプラグイン」を選ぶと、「制限モード」(Restricted mode)というメニューがあります。標準で有効になっており、この状態ではコミュニティプラグインを追加できません。無効にするボタンを押すと、**図2-14**の確認画面が表示され、その内容に同意すれば利用可能になります。

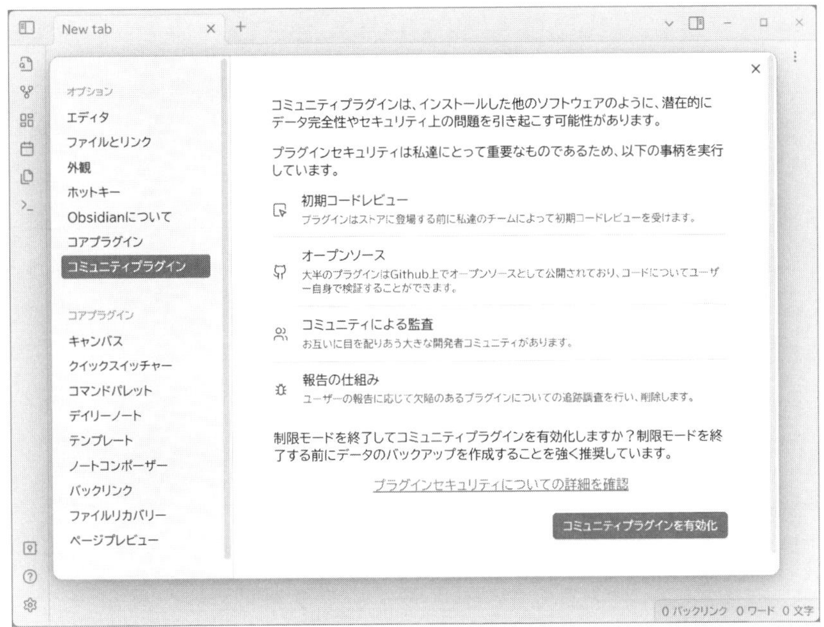

図2-14：コミュニティプラグインの有効化

そして、コミュニティプラグインの「閲覧」ボタンを押すと、さまざまなプラグインが一覧で表示されます。この中から、使いたいプラグインを選んで、インストールボタンを押すと導入できます（詳しい手順については、本章の「複数デバイスでの同期」で「Obsidian Git」のインストール方法を紹介する際に解説します）。インストール後は、インストール済みのプラグインの一覧で有効と無効を切り替えられます。

本章ではコアプラグインについてのみ解説し、コミュニティプラグインについては以降の章で必要に応じて紹介します。設定メニューから「コアプラグイン」を選ぶことで、コアプラグインリストの一覧が表示されます。この中から、有効にするか無効にするかを選ぶだけです。

図2-15：コアプラグインの設定画面

クイックスイッチャー

Obsidianでノートを開くとき、ファイル一覧から目的のノートのファイル名を探して、そのファイル名をクリックして開く方法もありますが、ノートの数が増えてくると目的のノートを探すのが大変です。細かくフォルダに分類する方法もありますが、その管理方法の問題点は第1章で解説したとおりです。しかし、Obsidianでは「クイックスイッチャー」というプラグインが標準で有効になっています。

クイックスイッチャーはノートのタイトルの一部をキーボードから入力して開ける機能です。画面左にあるアイコンから選ぶか、キーボードで「Ctrl + O（Command + O）」を押すと開始できます。開始すると、入力欄が表示されるため、探したいノートのタイトルの一部を入力します。

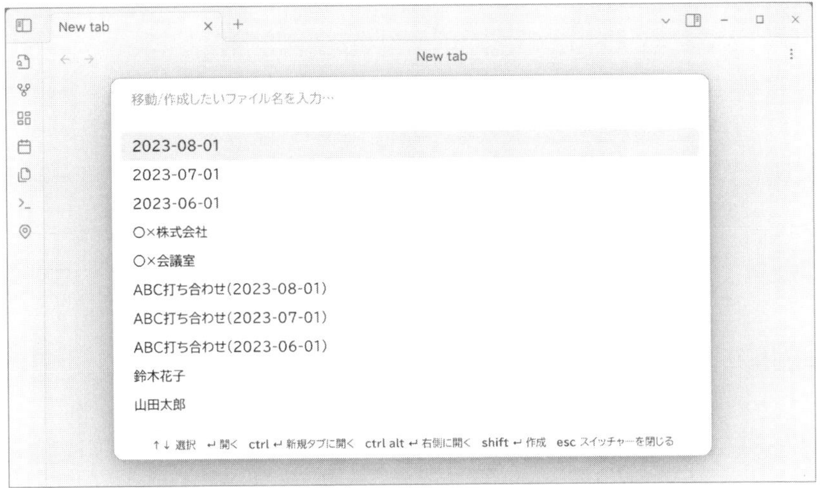

図2-16：クイックスイッチャー

このときに入力するのはノートのタイトルの一部だけで十分です。先頭部分である必要はないため、ノートのタイトルの一部を覚えていれば簡単に見つけられます。開きたいノートが見つかったら、カーソルを上下に移動して開くだけです。

キーボードから入力するのは面倒だと感じるかもしれませんが、ノートのタイトルを入力しなくても、直近で使ったノートが最初に表示されます。最近使ったノートを再度開きたいだけであれば、カーソルを上下に移動するだけなので気軽です。

コマンドパレット

Obsidianは豊富な機能を備えていますが、すべての機能に対してアイコンやメニューが用意されているわけではありません。アイコンの数が増えると、欲しい機能を探すのが大変になってしまいます。キーボードから絞り込めると助かることでしょう。

そこで、Obsidianが備えるさまざまな機能にアクセスできるプラグインとして「コマンドパレット」があります。コマンドパレットはObsidianのプラグインなどが持つ機能を呼び出せるもので、画面左にあるアイコンから選ぶか、キーボードで「Ctrl + P（Command + P）」を押すと開始できます。

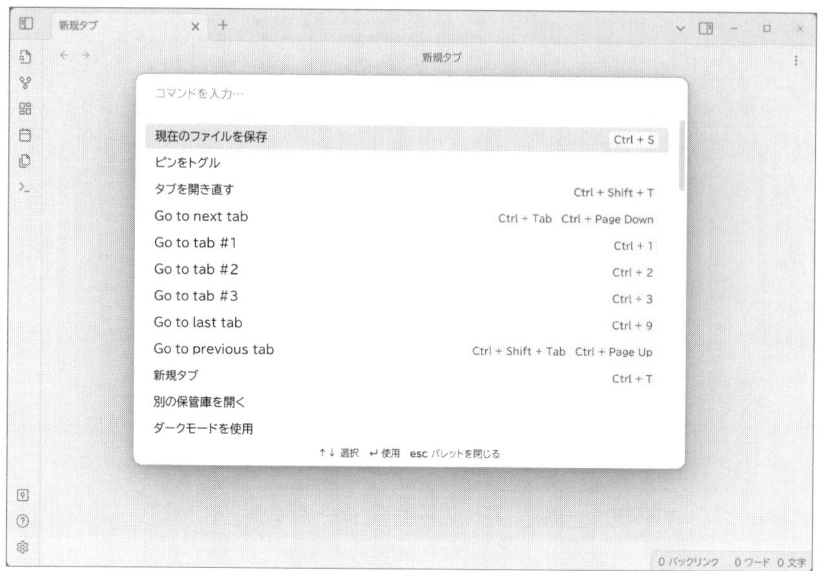

図2-17：コマンドパレット

クイックスイッチャーと同様に、コマンドの名前の一部を入力するだけで絞り込め、カーソルを移動してさまざまな機能を呼び出せるため、キーボードの操作に慣れたITエンジニアであればマウスを使うことなく操作できます。

コミュニティプラグインを導入したあとで、さまざまな処理を呼び出すために必要なときがありますので有効にしておきましょう。

デイリーノート

第3章で解説する「デイリーノート」を作成する機能です。カレンダーのアイコンを押すだけで、当日のノートにアクセスできます。本書で紹介するようにObsidianで「ノートを育てる」という考え方で使うときには必須の機能です。

標準ではノートのタイトルとして「**YYYY-MM-DD**」のように年月日の間にハイフンを入れますが、ファイル名の書式は自由に決められます。その他にも、コアプラグインの設定画面から保存場所（フォルダ）を変更したり、「起動時にデイリーノートを開く」といった設定もできますので、好みに合わせて設定するとよいでしょう。

グラフビュー

Obsidianではノートをwikipediaのようにリンクでつなげることを紹介しましたが、どのノートとつながっているかを図（グラフ）で表現してくれる機能です。このプラグインを有効にすると、画面左端のアイコン列にグラフビューのアイコンが表示されます。

図2-18：グラフビューを開くアイコン

これをクリックすると、**図2-19**のようなグラフが表示されます。それぞれの点がノートを表し、マウスを合わせるとそのノートのタイトルが表示されます。そして、その点をクリックすると該当のノートに移動できます。

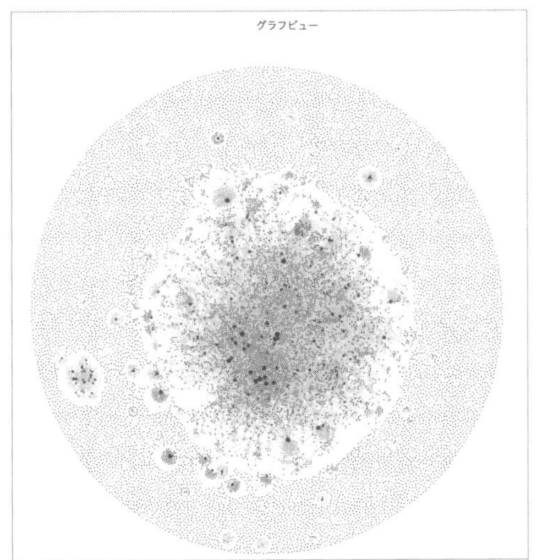

図2-19：グラフビューの例

ノート間のリンクをたどることで頭の中が可視化されるようで便利ですが、筆者は保管庫全体のグラフビューを使うことはほとんどありません。それよりも、現在開いているノートを中心とした「ローカルグラフ」を表示するために使います。

つまり、現在開いているノートと、どのようなノートがつながっているのか、そのリンクしているノートを調べるのです。ローカルグラフを開くには、コマンドパレットで「ローカルグラフ」と入力し、「ローカルグラフを開く」を選択するとよいでしょう。開いたローカルグラフに表示される設定ボタンから「フィルタ」の深さを変えられます。筆者は、深さを「2」に設定し、現在のノートから2つ先までのノートを表示する方法をよく使います。

図2-20：ローカルグラフ

バックリンク

現在開いているノートにリンクしている他のノートの一覧を表示するプラグインです。これがあるからObsidianを使っている、ともいえる必須の機能です。有効にすると、右のサイドバーに「バックリンク」と「アウトゴーイングリンク」のアイコンが表示されます。これにより、現在開いているファイルに対するリンクと、現在開いているファイルからのリンクを表示できます。

図2-21：バックリンクの確認

タグペイン

Obsidianで設定したタグの一覧と、その使用頻度を表示してくれるプラグインです。階層的に設定したタグもサイドバーでフォルダのように表示してくれるため、タグから検索したいときに便利です。

タグの名前だけでなく、使用頻度で並べ替えられるため、どのようなタグをよく使っているのか、自分のノートの特徴がよくわかります。

図2-22：タグペイン

テンプレート

事前に用意したテンプレートの内容をノートに挿入できるプラグインです。

まずは、記録するノートの種類に応じたテンプレートを用意しておきます。

たとえば、打ち合わせのためのノートであれば、次のようなテンプレートを作っておきます。

```
---
tags:
    - 仕事/打ち合わせ
---

# {{title}}

- 場所:[[]]
- 時間:10:00〜11:00
- 参加者
    - [[]]
- 内容
    - [[]]
```

ここで「**{{title}}**」と書いてある部分には、そのノートのタイトルが自動的にセットされます。その他にも、**{{date}}**と書くと日付が、**{{time}}**と書くと時刻が自動的にセットされます。

そのうえで、ノートの作成中にコマンドパレットから「テンプレートの挿入」を選択することで、用意したテンプレートの内容をノートに追加でき、一部の情報を書き換えるだけで済むようになります。統一感のあるノートを作成するのにも便利です。

なお、設定画面でテンプレートの保存場所や、テンプレートに入れる日付や時刻の設定を変更できます。テンプレートの挿入に後述のホットキーを設定してもよいでしょう。

ページプレビュー

内部リンクにマウスを当てたときに、そのリンク先のノートを浮き上がらせて表示する機能です。現在のノートを表示しながら、リンク先のノートを確認したいけれど、そのノートを開くまでもないときに便利です。

図2-23：ページプレビュー

検索

キーワードを入力してノートを検索するプラグインです。ノートの数が増えると、目的のノートを探すのが大変になります。上記のクイックスイッチャーでは、ノートのタイトルしか探せないため、ノートの本文から探したいときには必須の機能です。

正規表現を使って検索するだけでなく、**図2-24**のようなさまざまなオプションで絞り込むこともできます。

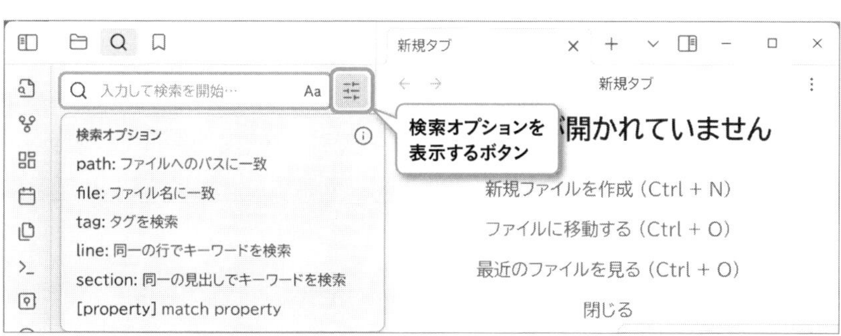

図2-24：検索

検索キーワードの入力欄の右側にはオプションのボタンが表示されています。ここでは、「検索結果を折りたたむ」「前後を表示」「検索ワードの表示」というオプションを指定でき、検索結果から目的のノートをスムーズに検索できます。

検索したキーワードの履歴も使えるため、過去に検索したものを再度探したいときにも便利です。

ホットキーの設定

Obsidianではアイコンを押すだけで基本的な操作ができるので、キーボードの操作に慣れていない方でも簡単に使い始められます。しかし、慣れてくるとマウスではなくキーボードで操作したいものです。

そこで、ホットキー(ショートカットキー)を設定する方法があります。ホットキーを設定しておくことで、コマンドパレットから操作するさまざまな処理をキーボードから実行できます。

すでに設定されているホットキーを変更することもできます。たとえば、「チェックリストをトグル」(チェックリストのオンとオフを切り替える)という機能のホットキーとして、「Ctrl + L (Command+L)」が設定されています。しかし、Notionなどでは「Ctrl+Enter (Command+Enter)」というキーが使われており、個人的にもこちらのほうが使いやすいので、合わせておきたいものです。

これを設定するには、設定メニューから「ホットキー」を開きます。検索欄に「チェックリスト」と入力すると、「チェックリストをトグル」という項目が見つかります。この行にある「Ctrl + L (Command+L)」の右にある「×」をクリックして削除し、右にある「+」というボタンを押します。すると、設定したいホットキーを押す画面が表示されますので、ここでキーを押すと、新しいホットキーを設定できます(標準では「Ctrl + Enter (Command + Enter)」が「カーソル下のリンクを新規タブで開く」に割り当てられていますので、不要であれば削除します)。

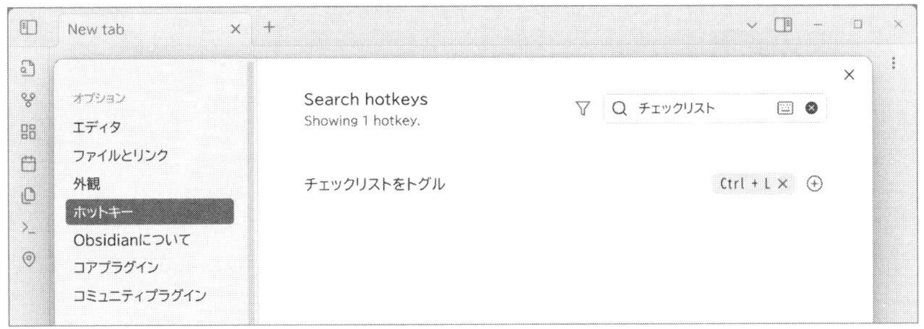

図2-25：ホットキーの設定

また、標準ではホットキーが設定されていない操作に新しいホットキーを設定することもできます。たとえば、上記で紹介したグラフビューの「ローカルグラフ」を表示することを考えます。現在開いているノートのローカルグラフを表示するには、ノートの右上にあるオプションボタンから「ローカルグラフを開く」を選択するか、コマンドパレットから「グラフビュー：ローカルグラフを開く」を選択する必要があります。

この機能をよく使う場合はホットキーを設定しておくとよいでしょう。筆者は上記で削除した「Ctrl + L（Command + L）」に設定しています。このため、何らかのノートを開いた状態でこのキーを押すだけでローカルグラフを表示できます。

これを設定するにはまず、設定メニューから「ホットキー」を開き、検索欄に「ローカルグラフ」と入力します。設定したいアクションの行にある「ブランク」の右にある「+」というボタンを押すと、設定したいホットキーを押す画面が表示されますので、ここでキーを押します。

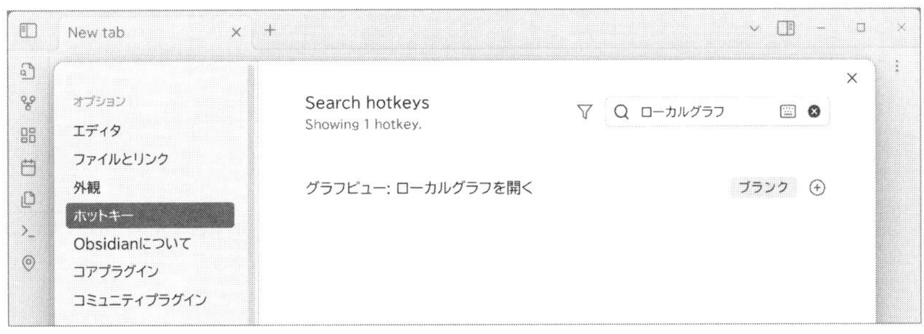

図2-26：ホットキーの追加

テーマの変更

見た目を変更するとき、一番手軽なのは、本章の冒頭で紹介した「ベーステーマ」を変える方法です。「ダーク（背景が暗く、文字が白いもの）」と「ライト（背景が明るく、文字が黒いもの）」が用意されており、設定メニューの「外観」→「ベーステーマ」で切り替えられます。OSの設定に合わせることもできますので、好みの色に変えるとよいでしょう。

さらに、文字の大きさや文字の色まで含めて大きくデザインを変えるには「テーマ」を使うのが手軽です。コミュニティの参加者が作成したデザインのことで、一覧から選択するだけで好みのデザインを適用できます。設定メニューの「外観」→「テーマ」から「管理」を開くと、さまざまなテーマを選べます。

ダウンロードされた回数が多い順に並んでいますし、スクリーンショットを見るとどんな見た目に変わるのかを確認できますので、見比べてみて良さそうなものを選ぶとよいでしょう。

毎年開催されている「Obsidian October」というイベントでは、優秀なテーマやプラグインを選出して賞が与えられます。こういったイベントで上位に入賞したものを探すのもよいでしょう。

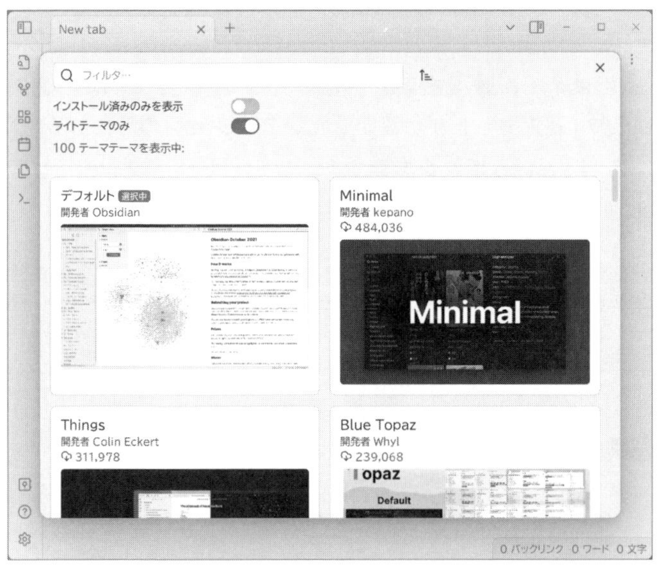

図2-27：テーマの管理画面

COLUMN

デザインを細かくカスタマイズする

ノートのデザインを自分で細かく変えることもできます。ObsidianのノートペインはHTMLやCSS、JavaScriptで構成されているため、HTMLやCSSについての知識があれば、そのデザインを自由に変更できます。知識がある方はぜひチャレンジしてください。

Obsidianの内部ではページ表示にChromeが使われているため、具体的なHTMLを、ChromeのDevToolsで確認できます。Obsidianのノートを開いた状態で、「Ctrl + Shift + I（Command + Option + I）」を入力してみましょう。すると、DevTools[注a]が開いて、ノートの表示に使われているHTMLやCSSの内容が表示されます。

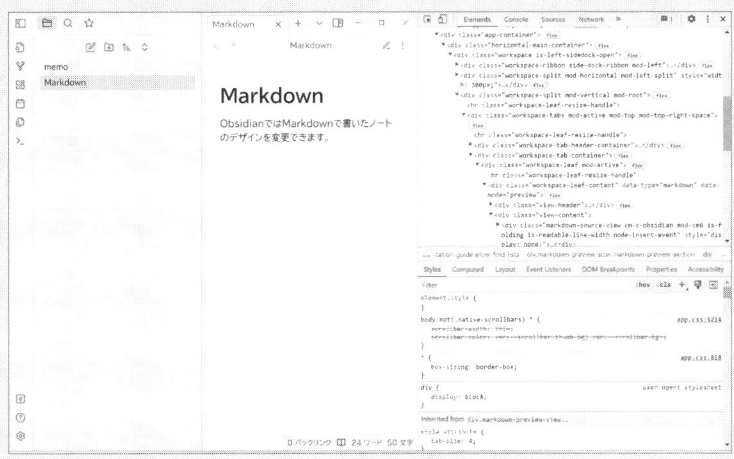

図2-b：DevToolsを開いた画面

これを見て変更したい要素に対するCSSの記述を追加することで、デザインをカスタマイズできます。自分でCSSを書くには、設定メニューの「外観」→「CSSスニペット」を有効にして、作成したCSSファイルの場所を指定します。ここで指定した場所に保存したCSSファイルが読み込まれ、見た目が変わります。

このCSSファイルをテキストエディタなどで変更します。たとえば、

注a　：「開発者ツール」とも呼ばれる、ブラウザに組み込まれている開発支援のツール。

編集画面で一番大きな見出しの文字色を赤に変えたければ、次のように指定します。

```
.cm-header-1 {
    color: red;
}
```

この指定では、すべてのノートの編集画面に影響しますが、ノート単位でもCSSをカスタマイズできます。特定のノートだけ変更するには、ノートのフロントマターでHTMLに追加するクラスを指定します。

たとえば、次のように**cssclass**という項目でCSSのクラス名を追加すると、Obsidianの内部で生成されるHTMLに**red-page**というクラスが追加されます。

```
---
cssclass: red-page
---
```

そして、次のようにCSSを書くと、フロントマターで**cssclass**という項目に**red-page**と指定したノートだけ、編集画面の一番大きな見出しが赤字で表示されます。

```
.red-page .cm-header-1 {
    color: red;
}
```

2.4 複数デバイスでの同期

Obsidianの「ローカル環境で動作する」という特徴で大きな問題になるのが、複数の端末を使った場合のデータの同期です。クラウドにデータを保存していれば、どの端末からアクセスしても同じデータにアクセスできますが、ローカルに保存していると、データの同期を考えなければなりません。
パソコンやスマホなど、複数の端末の間でObsidianのデータを同期する方法がいくつかありますので、具体的な手順と合わせて解説します。

ファイル共有サービスの利用

複数のデバイス間でデータを同期したい場合、わかりやすいのがiCloudやGoogle Drive、OneDrive、Boxなどのファイル共有サービスを使う方法です。使用しているパソコンのOSがmacOSで、スマホはiOS、タブレット端末はiPadOS、というようにApple製品で統一している場合は「iCloud」を使った連携が便利です。

iCloudで連携する場合は、iPhoneやiPadにObsidianアプリをインストールして起動し、保管庫を作成するときに「Store in iCloud」を選択します。すると、iCloud Driveに「Obsidian」というフォルダが作られ、このフォルダ内にObsidianの保管庫が作成されます。iPhoneやiPadでは、このフォルダ以外ではiCloud連携はできないため、先にiPhoneやiPadで作成し、Macでこの保管庫を開くことで同期します。

しかし、WindowsやLinux、Androidなどを使っている場合は、iCloudは使いにくいものです。WindowsでiCloud Driveを導入する方法もありますが、動作が不安定なことがあり、少し不安です。

もしパソコンがWindowsやmacOS、スマホはAndroidといった場合には、Google Driveを使う方法があります。WindowsやmacOSにGoogle Driveのアプリを導入すると、パソコンで選択したフォルダを自動的に同期できます。

ただし、ファイル名に絵文字を使うなど、特殊なファイルについてはうまく同期できないことがありますので、注意が必要です。

Obsidian Syncの利用

上記の方法は無料で使用でき、誰でも手軽に設定できるメリットはありますが、AndroidとiPadを使っていたり、iPhoneとChromebookを使っていたりする場合の同期は難しいものです。

そこで、Obsidianには「Obsidian Sync」という有料のサービスが提供されています。複数の端末の間でデータを同期するしくみを月額10ドル(年額の場合は96ドル)で利用できます。バックアップの取得よりもデータの同期を目的にしたサービスで、WindowsパソコンとAndroidスマホ、WindowsパソコンとMacなどの間でデータを同期できます。

Obsidian Syncを利用するには、公式サイトからクレジットカードなどで支払ったあと、設定メニューの「コアプラグイン」から「同期」を有効にします。そして、設定メニューに表示された「同期」というメニューから「リモート保管庫」を選択します。まだ作成していない場合は、「選択」ボタンを押すと「リモート保管庫の作成」というメニューが表示され、保管庫の名称やパスワードを設定します。

すでに作成していた場合は、その保管庫を選択し、パスワードを入力すると同期できます。

Obsidian Syncは初心者でも簡単に設定できて同期も確実なので便利ですが、保管庫の容量に「4GB」という制限があります。添付ファイルやバージョン履歴なども含めて4GBなので、画像やPDFファイルなどをたくさん保管庫に入れて使用するような場合には注意が必要です。

Gitなどを使った同期

ここからはITエンジニアなど、専門的な知識を持っている人に限られますが、無料で複数のOS間のデータを同期したい、データのバージョンを細かく管理したい、という人であれば試してみてもよいでしょう。

1つの方法はGitを使ってバージョン管理と合わせて同期する方法です。

そして、もう1つは「Self-hosted LiveSync」や「Remotely Save」などのコミュニティプラグインを使って同期する方法です。

ここでは、Gitを使ってバージョン管理する方法を解説します。ITエンジニアは普段からプログラムのソースコードなどのテキストデータをバージョン管理しています。Obsidianで扱うMarkdownもテキスト形式なので、バージョン管理ツールでのバージョン管理が向いています。バージョン管理ツールを使うと、いつ誰がどの部分を変更したのかを把握できます。

自分のノートであれば、誰が変更したのかを確認する必要はありませんが、「いつ」「どの部分を」変更したのかがわかると便利です。また、誤ってファイルの内容を消してしまった場合も、以前のバージョンに戻せます。

通常のGitリポジトリと同様にコマンドなどからpullやpushといった操作を行う方法もありますが、Obsidianには「Obsidian Git」というプラグインが公開されています。このプラグインを使うと、pullやpushといった操作を起動時に実行するだけでなく、手動での実行や1分ごとなどの定期的な実行も設定できます。

具体的には、以下の手順で設定します。

WindowsやmacOS、Linuxなどパソコンの場合

事前にパソコンにGitのクライアントを導入しておきます。macOSの場合は標準でgitコマンドがインストールされていますので、これを使ってもよいでしょう。

まずはGitHubに空のリポジトリを作成し、これをパソコンでcloneします。README.mdなどのファイルを作成し、プッシュできることを確認しておきます。

このフォルダをObsidianで開き、コミュニティプラグインの検索から「Obsidian Git」をインストールします。コミュニティプラグインをインストールするには、設定画面で「コミュニティプラグイン」を選びます。制限モードになっている場合は、「コミュニティプラグインを有効化」を押してください。その後、**図2-28**の画面でコミュニティプラグインの行で「閲覧」ボタンを押します。

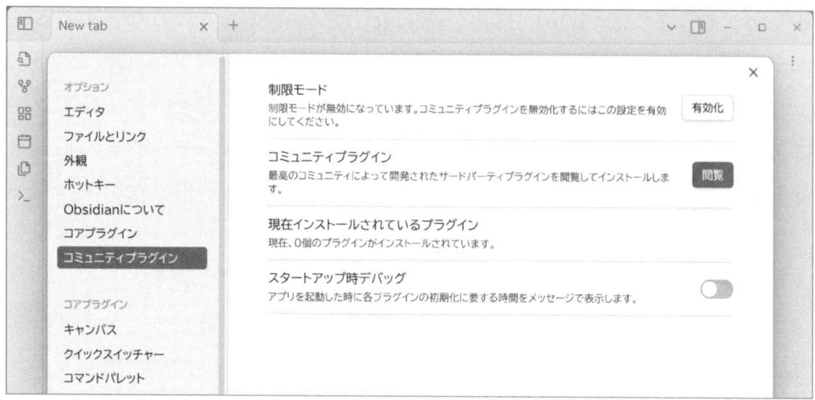

図2-28：コミュニティプラグインの閲覧ボタン

表示された画面の検索欄に、導入したいプラグインの名前の一部を入力します。たとえば、「Git」と入力すると**図2-29**のような画面が表示されます。

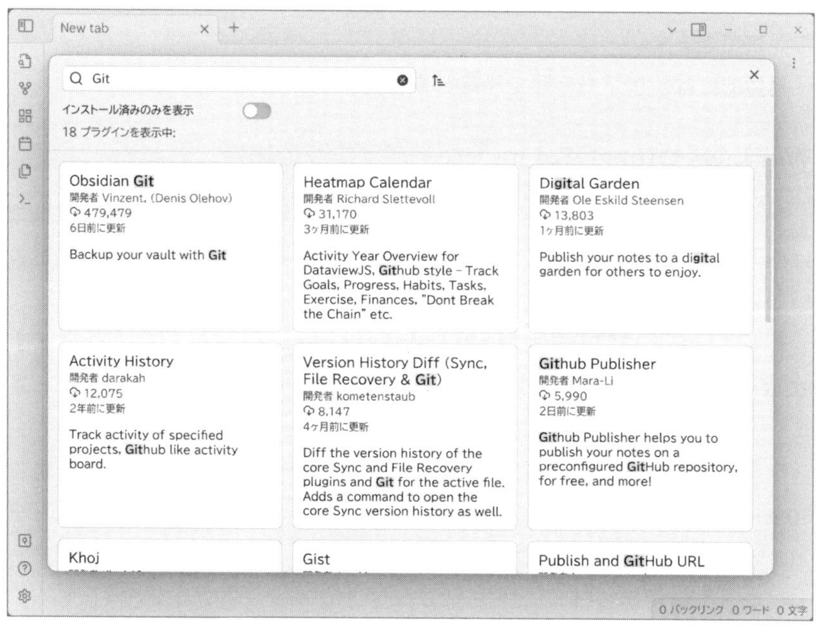

図2-29：コミュニティプラグインの検索

ここから「Obsidian Git」を選び、「インストール」ボタンを押します。

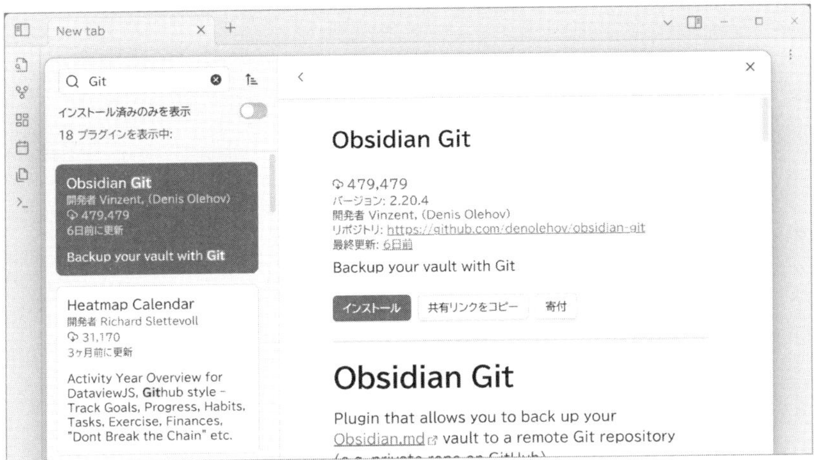

図2-30：Obsidian Gitのインストール

このように、コミュニティプラグインのインストールは名前の一部で検索して、表示された中から導入したいプラグインの「インストール」ボタンを押すだけです。

この画面内に、そのプラグインの説明が書かれており、画面イメージや動画などでその使い方が解説されていますので、導入前に読んでおくとよいでしょう。さまざまな機能を持つプラグインの場合は、書かれているURLを開くと、より詳しい使い方について解説されていることもあります。

さて、インストールが完了すると、「有効化」のボタンが表示されますので、このボタンを押します。

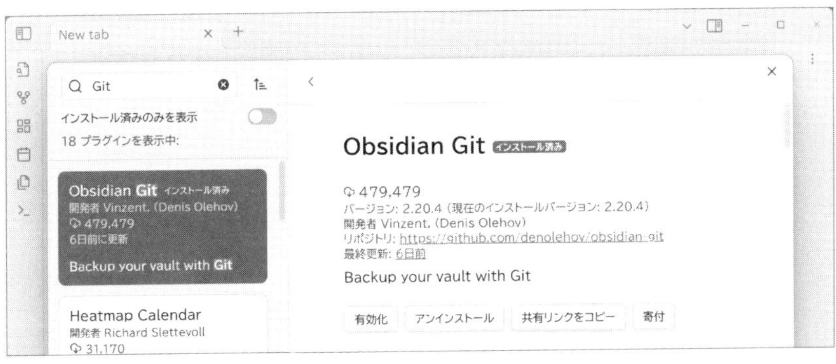

図2-31：Obsidian Gitの有効化

有効化が完了すると、「オプション」というボタンが表示されます。

図2-32：オプションボタン

このボタンを押すと設定画面に遷移しますので、更新タイミングなどを指定します。Gitが導入されていないと使えませんので、導入していない場合は、Gitの導入後に設定画面を開いてください。

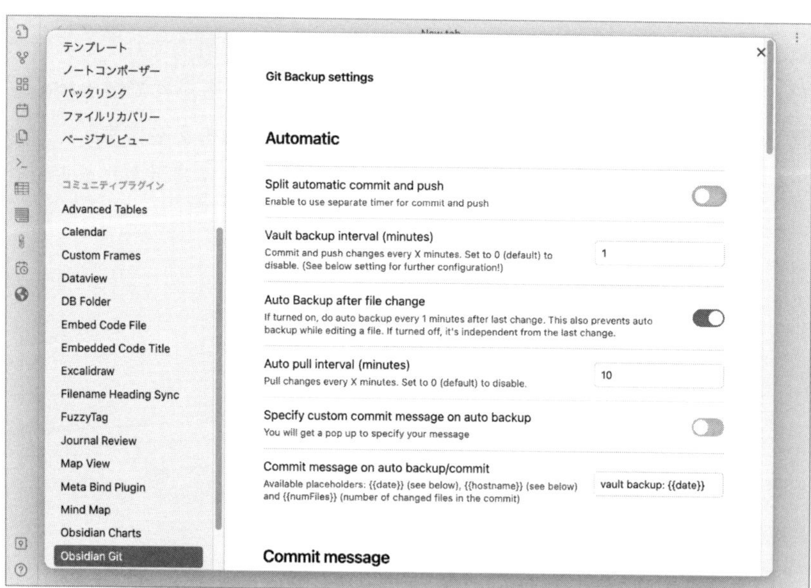

図2-33：Obsidian Gitの設定

iOSやiPad、Android、Chromebookなどの場合

少し面倒なのがiOSやiPad、Android、Chromebookなどの場合です。この場合もGitHubにリポジトリを作成するところまでは同じです。パソコンで作成した既存のリポジトリでも構いません。

モバイルアプリではiCloudなどにある保管庫は開けるものの、それ以外の保管庫を指定して開くことはできません(アプリからアクセスできる範囲が決められているため)。このため、仮の保管庫を新規に作成し、Gitのリポジトリから取得したファイルで上書きする方法を使います。

まずはコミュニティプラグインから「Obsidian Git」をインストールします。そして、Obsidian Gitの設定画面からGitHubのユーザー名と、次ページのコラムで解説するトークンを指定します。

その後、コマンドパレットを開いて「Clone an existing remote repo」を選択し、リポジトリのURLを指定して、画面の指示に従って進めます。作成完了したら、再起動すると、Gitのユーザー名とメールアドレスを聞かれるので入力します。

なお、Obsidian GitのようなプラグインはJavaScriptで書かれています[注21]。このため、大量のデータがあると、処理できないこともあります。筆者の手元の環境では、1つの保管庫に約2万ファイルが格納されており、macOSなどでは動作しますが、iPhoneではタイムアウトしてしまいます。大量のファイルを扱う場合などは注意しましょう。

注21：Obsidian Gitの公式サイトによると、AndroidやiOS版はネイティブのGitを使えないため、JavaScript版のGitクライアントであるisomorphic-gitを使用しています。

COLUMN

トークンの作成

GitHubに証明書なしでアクセスする（APIを使う）ためにはトークンが必要です。トークンは以下の手順で作成します。

①GitHubにログインしてユーザーのアイコンをクリックし、「Settings」を開く
②左メニュー下の「Developer settings」を開き、「Personal access tokens」→「Fine-grained tokens」→「Generate new token」と遷移する
③トークン名と有効期限などを指定し、「Repository access」から対象となるリポジトリを選ぶ
④「Permissions」の「Repository permissions」から「Contents」だけに「Read and write」という権限を付与する
⑤「Generate token」というボタンを押すとトークンが作成されるので、コピーしておく（このトークンは一度しか表示されないため注意）

なお、トークンは上記の③で指定した有効期限までしか使用できないため、期限が切れたら再生成が必要です。この場合は、上記の「Fine-graind tokens」から対象のトークンを選び、「Regenerate token」で再生成します。

第 3 章

Obsidianを習慣化しよう

3.1 デイリーノートで作る気軽な日誌

Obsidianの操作方法を理解できても、ノートをどのように作るとうまく管理できるのかがわからないと、継続して運用できないものです。「はじめに」や第1章でも解説したように、ノートは記録しておかないと意味がありません。本章では、先人たちが工夫してきた情報管理の方法と合わせて、ノートの作り方について解説します。

事実・感情・評価に分けて記録する

個人の記録を残すことを考えると、すぐに思いつくのが日記を書くことです。こどもの頃から、絵日記や日記を書いていた人は多いものです。しかし、「日記が続かない」という声もよく聞きます。

実際、筆者が若かりし頃も日記は続きませんでした。最初は「頑張って毎日書こう」と思うのですが、3日坊主でやめてしまうことがほとんどです。「5年日記」という分厚い日記帳を購入したのに3日でやめてしまったときは呆れたものです。

筆者は日記が続かない理由を「頑張って書こう」と思ったからではないかと考えました。その日の出来事や自分の感情、新しい発見などを毎日書こうとすると、それを続けるのは大変なのです。そこで、「事実」と「感情」、「評価」を分けて書くことにしました。

事実とは、「やったこと」や「起きたこと」です。たとえば、「9時から会議資料を作った」「10時から電車に乗った」「17時から買い物に行った」などです。「その日の天気」や「自分の体重」などでもいいでしょう。これは感情が入らないため、事実として淡々と記録できます。

感情は自分の気持ちを言葉にしたものです。嬉しかったこと、困ったこと、苦しんだことなどを言葉にします。最初のうちはなかなか言葉にできないものですが、頭の中に浮かんだ言葉をそのまま書いておくと、頭を整理できます。

評価は、上記の事実や感情を1日や1週間などの単位で振り返り、よかったのか悪かったのか、反省点や改善点などを整理したものです。この評価は事実・感情と混ざりやすいものですが、個々の行動や感情に振り回されることなく、1日や1週間といったスパンで考えることで冷静に判断できます。

日記が続かない人は、まず「事実」を記録することから始めてみましょう。リアルタイムに記録しなくても、夜にその日の行動を振り返る方法もあります。振り返ることで、翌日からの行動に生かせるかもしれません。

この用途に最適なのがObsidianの「デイリーノート」です。デイリーノートは、ファイル名として日付を使ったノートのことです。たとえば、2023年8月1日のデイリーノートであれば、「2023-08-01.md」といったファイル名で作成します。

このような日付を使ったノートは、左側のアイコンにある「今日のデイリーノートを開く」というアイコン(カレンダーのマーク)から作成できます。当日のデイリーノートがすでに作成されている場合は、そのノートが開かれ、まだ作成していない場合には当日の日付で新しく作成されます。

図3-1：デイリーノートの作成アイコン

デイリーノートを使うメリットは、タイトル(ファイル名)を考えずにノートを作れることです。デイリーノートであれば、タイトルは日付で決まっています。いつ作成したファイルなのかも明確ですし、Obsidianを開いていれば瞬時に当日のノートを開けます。このノートに、その日思いついたアイデアなどを並べていけばいいのです。

これがiOS標準のメモアプリのようなアプリでは、1行目がタイトルになります。Windowsのメモ帳ではファイルに保存するときにファイル名をつけます。これらはわかりやすい反面、タイトルをつけるほどでもないメモをどこに書くのか、という問題があります。タイトルに「備忘録」や「アイデア」のような名前を付けて、そこにメモを並べていく方法もありますが、そのメモをいつ書いたのかがファイルの更新日時を見ないとわかりません。

この「デイリーノート」を使って、当日の行動や天気、体重などの「事実」を記録します。

慣れてくると、もう少し細かな作業メモも記録できるようになります。あとはこのようなノートに加えて、感情や評価を入れたノートを少しずつ作成していきます。

最初は大変だと思うかもしれませんが、アウトプットすることが習慣になると苦にならないものです。食事のあとに歯磨きをするのと同じように、日常生活の中で習慣化すると、何らかの行動をしたあとで「書かない」ことが考えられない状態になります。

上記のように事実を記録することをベースにして、どのようにデイリーノートを作成すると管理しやすいのか、Obsidianを使ったノート作成方法の工夫について紹介します。

その日の作業を箇条書きで記録する

行動したあとに事実を書くことを紹介しましたが、リアルタイムにObsidianを起動できないこともあるでしょう。パソコンやスマホなどを持ち歩いていない場合は、自宅に帰ってから1日を振り返って作成します。

筆者の場合は、デイリーノートが当日のタスクリストも兼ねています。このため、朝の仕事を始める前に、その日に行う予定のタスクを箇条書きのチェックリスト形式で予定時刻とともに書き出します。

これは、『なぜ、仕事が予定どおりに終わらないのか？』(佐々木正悟 著)[注1]という本で取り上げられている「タスクシュート」と呼ばれている方法に近いでしょう。タスクシュートは、並べたタスクに見積もり時間と実績時間を記録することでタスクの進捗などを管理できる手法です。

注1　：https://gihyo.jp/book/2014/978-4-7741-6356-7

見積	9.75
実績	2.48
■済み	1.50
□残り	8.25
基準日	06/23

B: 1.75	C: 3.00
A: 0.00	D: 2.00
F: 0.00	E: 1.50
	計 6.50

06/24 火	0.50
06/25 水	0.00
06/26 木	0.00
06/27 金	0.00
06/28 土	0.00

現在時刻
11:42
終了予定
19:57

□	月日	曜	節	#	Project	タスク	見積	実績	開始	終了
■	06/23	月	B	10	ルーチン	朝のレシピ(repeats)	0.25	0.43	9:13	9:39
■	06/23	月	B	20	ルーチン	朝のメールチェック(repeats)	0.25	0.37	9:39	10:01
■	06/23	月	B	30	タスク	改訂作業／マニュアル全ページをざっと見る	0.50	0.55	10:01	10:34
■	06/23	月	B	40	タスク	改訂作業／つまずきそうなページに付箋を貼る	0.50	0.63	10:34	11:12
■	06/23	月	B	50	緊急	上司からの問い合わせ対応		0.50	11:12	11:42
□	06/23	月	B	60	タスク	改訂作業／図表の一覧を作る	1.00			
□	06/23	月	B	70	タスク	改訂作業／5ページだけ改訂作業をやってみて時間を計る	0.75			

図3-2：タスクシュート
（出典：「タスクシュートとは何か？」https://cyblog.jp/35171）

「見積もりの作業時間を実績から更新する」という作業を繰り返すことで、終了予定の時刻が常に見えるようにするわけです。

実施すべきタスクを一覧に並べて、見積もった時間を設定すると、すべての作業の終了予定時刻が出ます。その終了予定時刻で問題なければ順に作業をこなしていけばよいのですが、最初から自分の終業時刻を超えていれば残業になってしまいます。この場合は他の人に作業を割り振るなどの対応が必要です。

もちろん、最初は見積もりが甘いものですが、作業が終わるたびにその実績から作業時間の見積もりを繰り返し更新すると、見積もりの精度も高まっていきます。

とはいえ、はじめからこういった厳密な方法をとるのはハードルが高いでしょう。ここではもっとシンプルに、タスクを箇条書きで並べて、そのタスクが終わるたびにチェックを入れるだけにします。当日に終わらなかったタスクは翌日に移動します。筆者は、朝の段階で前日のノートに残っている未チェックのタスクを移動し、前日のタスクは終了したことにします。これで、必要なタスクを忘れることなく消化できます。

Obsidianには「Rollover Daily Todos」[注2]というプラグインがあり、翌日のデイリーノートを作成したときに、前日のデイリーノートに未完了のチェックリストがあれば引き継ぐこともできます。こういったプラグインを使う方法もあるでしょう。

ここで、「どのくらいの単位で当日のタスクを書き出すのか」という問題

注2　：https://github.com/lumoe/obsidian-rollover-daily-todos

があります。たとえば、「歯磨き」や「トイレ」といったレベルまで書き出しているとキリがありません。

筆者は「15分」を1つの基準にしています。つまり、15分以上かかる作業はすべて記録するのです。15分以上かかるような作業を実施したり、予定している行動があったりするときは、デイリーノートに記録します。「昼食」や「休憩」も1つの記録です。

ただし、このデイリーノートの箇条書きに長い文章を書くと、それを見るだけでも大変です。そこで、この箇条書き部分に書くのは「それぞれの作業について書いたノートへのリンク」です。たとえば、10時から「ABC」という案件の打ち合わせに参加するとします。このとき、次のようなリンクをつけたタスクを作成します。

```
- [ ] 10:00 [[ABC打ち合わせ( 2023-08-01 )]]
```

これを閲覧モードで開くと、見た目上はチェックが入っていない箇条書きができ、打ち合わせのノートへのリンクとして表示されます。

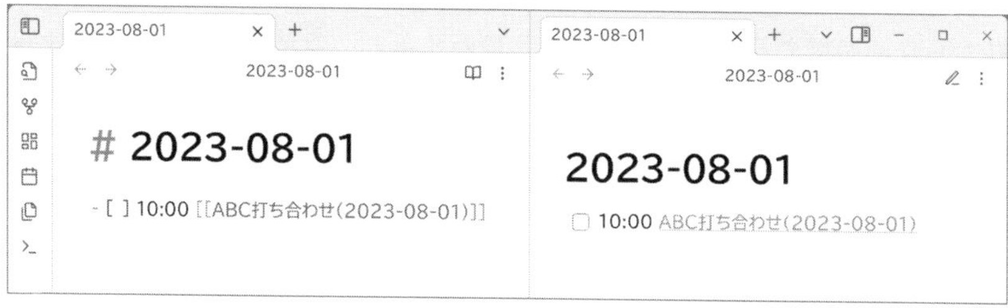

図3-3：デイリーノートにはリンクを作成する

このリンクをクリックすると、この打ち合わせのノートを作成できます(すでに作成済みであれば、そのノートが開きます)。そして、この打ち合わせのノートに、打ち合わせの時間や場所、参加者、議事内容を記録していくのです。

打ち合わせが終われば、上記のデイリーノートで該当のタスクのチェックボックスをチェックして完了状態にします。これで、打ち合わせについての記録がObsidianに残りました。

打ち合わせだけでなく、その日の作業や行動はすべて記録します。もし近くのスーパーマーケットに夕食を買いに出かけた場合、次のようなリンクのタスクを作成します。

```
- [ ] 17:00 [[夕食購入(2023-08-01)]]
```

そして、買い物で購入したものや金額なども、店舗情報へのリンクとあわせてリンク先のノートに記録しておきます。これにより、いつ、どのスーパーで何を買ったのかを関連づけて記録できます。

飲食店に行ったことも記録しますので、どこの店で何を食べたのか、タグやリンクと合わせてすべての記録が残ります。このため、Obsidianのノートを検索するだけで、第1章で紹介したような質問に答えられるのです。

このようなチェックリスト形式の箇条書きは、第2章で解説したホットキーを使用するとキーボードから簡単に作成できます。チェックのオン・オフもキーボードから操作できます。

ここで使っているような、時刻を先頭に記載する書式は、Obsidianの「Day Planner」[注3]や「Big Calendar」[注4]などのプラグインで使われているものと同じです。これらのプラグインと合わせて使用することで、見た目を工夫して表現することもできます。

そして、当日の作業予定を記述したタスクリストの下に、当日の作業メモなど新たなノートを作成するほどではない項目を記録しています。

任意の日付に自由にアクセスできるようにする

デイリーノートを作成するとき、画面左のアイコンから当日のデイリーノートにアクセスする方法を紹介しました。しかし、過去の日付のデイリーノートにアクセスしたいこともあります。このとき、クイックスイッチャーで日付を入力することもできますし、ホットキーで前日や翌日に移動する設定もできます[注5]。

注3 ：https://github.com/lynchjames/obsidian-day-planner

注4 ：https://github.com/Quorafind/Obsidian-Big-Calendar

注5 ：筆者の場合は、前日に「Alt + ←（Option + ←）」、翌日に「Alt + →（Option + →）」のホットキーを割り当てています。

3.1 デイリーノートで作る気軽な日誌

任意の日付のノートにアクセスしたいときに、カレンダー形式で日付の一覧を表示し、そこから選べると便利です。こういった機能もコミュニティプラグインを使うと容易に実現できます。上述の「Big Calendar」プラグインを使う方法もありますが、ここでは「Calendar」[注6]というプラグインを導入します。Calendarプラグインを導入すると、サイドバーにカレンダーを表示できます。

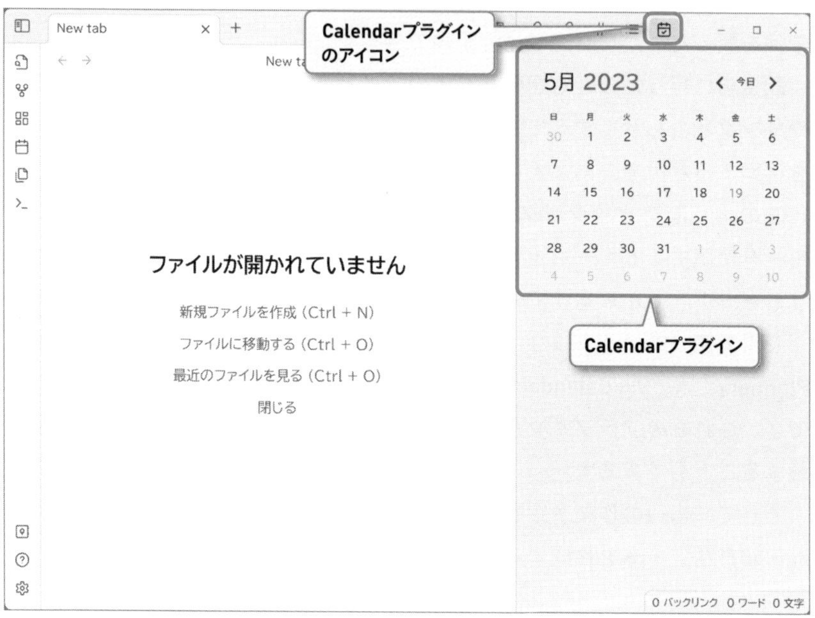

図3-4：標準でのCalendarプラグインの配置

サイドバーの位置は自由に変えられますので、使いやすい位置にドラッグ&ドロップして移動しておくとよいでしょう。移動するには、Calendarプラグインのアイコンをドラッグします。その他の機能もアイコンをドラッグして好きな位置に移動できます。

注6　：https://github.com/liamcain/obsidian-calendar-plugin

図3-5：左のサイドバーにCalendarプラグインを移動

このカレンダー上で日付をクリックすると、その日のデイリーノートが開きます。もしその日のデイリーノートが作成されていなければ、新たに作成されます。未来の日付でも、クリックするだけで、その日のデイリーノートを作成できるのは便利です。

表示されたカレンダーにおいて、デイリーノートを作成した日付のところに「○」と「●」のような記号が表示されることがあります。○は消化していないタスクがあることを意味し、●はすべてのタスクを消化したことを意味します。その日のデイリーノートのボリュームによってこの●の数が変わるため、この数を見ればその日の作業量が見えてくることもあります[注7]。

注7　：Calendarプラグインの設定画面で、この「●」を表示する数を決める文字数を変更できます。

図3-6：Calendarプラグインでのタスクの消化状況

テンプレートで体裁を統一する

上記のようにデイリーノートを作成するのですが、日によって書き方が変わると、あとから振り返ったときに、そのノートのどこに何が書いてあるのかわかりにくくなります。デイリーノートのように毎日使うものは、体裁を統一しておきたいものです。

このときに使うのが第2章で紹介した「テンプレート」です。デイリーノートでは、設定画面で「日付の書式」や「新規ファイルの場所」だけでなく、「テンプレートファイルの場所」を指定できます。

図3-7：デイリーノートの設定

たとえば、本文に箇条書きとしてタスクを自動的に入れたい場合には、次のようなテンプレートのファイルを用意しておきます。

```
# {{title}}

## Timeline

- [ ] {{time}} ToDo
```

1行目の**{{title}}**はノートのタイトル(ファイル名)で自動的に置き換えられ、**{{time}}**は作成時点の時刻で置き換えられることを解説しました。この最後の行と同じレイアウトで、当日の行動を並べて記録すると、次のようなノートを作成できます。

```
# 2023-08-01

## Timeline

- [ ] 10:00 [[ABC打ち合わせ( 2023-08-01 )]]
- [ ] 13:00 [[XYZ要件定義]]
- [ ] 15:00 [[事務作業]]
```

デイリーノート以外にも、ノートを作成するときにテンプレートを用意しておけば、ゼロからノートを作成するよりも楽ですし、統一感を保つことができます。

日報のようなものを作成する場合は、次のようなテンプレートを作ると便利でしょう。

```
# 日付

## 今日のやること

- [ ]
- [ ]
- [ ]

## やったこと
```

```
-

## 気付き・学び

-

## 明日のやること

- [ ]
- [ ]
- [ ]
```

Hugo[注8]などの静的サイトジェネレータ[注9]を使ってWebサイトを更新している場合は、次のようなテンプレートを用意しておくと、Obsidian内で作成したノートをそのままHugoなどで使えるかもしれません。

```
---
title: タイトル
date: YYYY-MM-DD
tags: [タグ1, タグ2]
---

## はじめに

本文をここに書く
```

もっと高度な置き換えをしたい場合は、「Templater」[注10]というコミュニティプラグインを使うこともできます。よく使うノートの書式を工夫したい場合は、こういったものを使いたい人もいるでしょう。

このようにテンプレートは便利な一方で、綺麗なノートを作る方法を知ると、以下のように徹底的に凝りはじめる人がいます。

注8　：https://gohugo.io/

注9　：Webサイトに利用者がアクセスしたときにページの内容をプログラムで生成するのではなく、事前にHTMLファイルをプログラムで生成しておく手法。利用者にとってページの読み込みが高速化するだけでなく、運営者にとってもセキュリティ面のメリットがあります。

注10 ：https://github.com/SilentVoid13/Templater

- 体系的に管理するために厳密なルールを決める
- プログラムで処理できるテンプレートを作成する
- 検索を意識してキーワードを埋め込む
- デザインを自分好みにカスタマイズする

つまり、ノートを書くことよりも先に、整理することや見た目の良さを考えてしまうのです。もちろん、ノートを整理して細かく管理できていると、気持ちがスッキリしていいのですが、ノートはとにかく「書くこと」が大切です。整理することに疲れてしまって何も書かないよりは、整理されていなくても書いてあるほうが有用です。

デジタルなノートでは検索が可能なので、下書きのようなメモでも書いておけばなんとかなります。本書には「ノート術」というタイトルをつけましたが、実際には厳密なルールに沿って運用しなければいけないものではありません。

あくまでも「ノート」なので、自分がわかる範囲で気軽に記録を残せればよいのです。毎日記録しなければいけないものでもありませんし、整理しなければいけないものでもありません。

筆者も凝り始めると、とことん追求してしまう癖があります。そこで、自分の中で決めているルールは、一定の期間はとりあえずアウトプットに集中することです。

書籍を執筆するときも、最初から誤字脱字などをなくし、読みやすいように校正しながら書くこともできますが、最初は一気に書いてしまいます。そして、ある程度のボリュームが溜まったら、そこで校正する時間をまとめて確保します。

ノートを書くときもこれと同じで、まずは書きなぐります。仕事などが一段落したタイミングで整理することにしています。

3.2 仕事の情報はすべてObsidianへ！

前節では、日々の記録を残すことについて解説しました。ノートとして記録することを習慣化したうえで、さらに仕事などで使う文書などもObsidianで管理するようにしておけば、日々の記録と連携して情報を一元管理できるようになります。
本節では、仕事に関する内容をどのように記録しているのかを、ノート間の連携方法と合わせて解説します。

打ち合わせの議事録を残す

仕事で文書を残すとき、打ち合わせなどの議事録を作成することは多いでしょう。こういった情報はデイリーノートと関連づけておきます。

前節では、デイリーノートから「ABC打ち合わせ（2023-08-01）」といったタイトルのファイルを作成することを解説しました。そして、このファイルに打ち合わせの時間や場所、参加者などの情報を記述するテンプレートを紹介しました。

このような打ち合わせの記録は、さらに他の情報と関連づけておくことで、その情報を活用できます。たとえば、「○×会議室」で打ち合わせを開催したなら、「○×会議室」というタイトルのノートを作成します。

同様に、参加者の名前がタイトルになっているノートを作成し、打ち合わせのノートとリンクしておきます。この参加者の名前のノートからは、所属の会社名で作成したノートにリンクしておきます。次の図のようなイメージで、それぞれを個別のノートとして作成し、ノート間を内部リンクでつなげます。

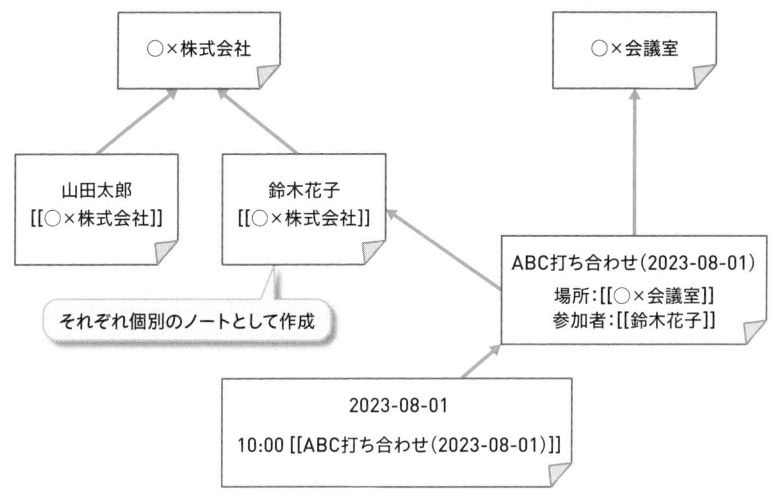

図3-8:ノート間の関係

これにより、ある取引先の担当者と打ち合わせをした履歴を知りたければ、その担当者の名前のノートを見て、バックリンクを調べれば良いのです。

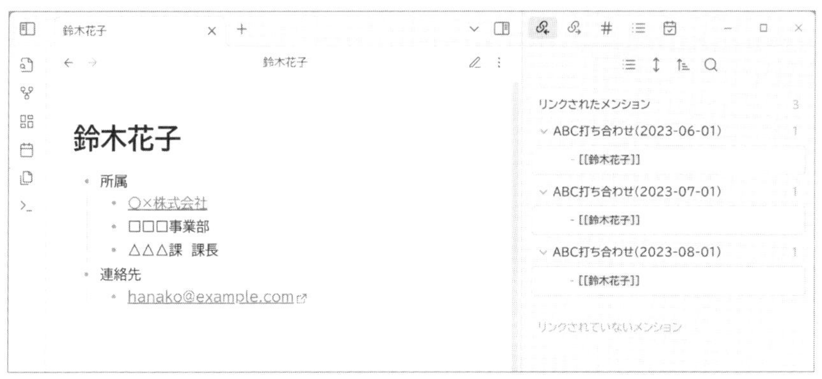

図3-9:バックリンクで打ち合わせの履歴を見る

打ち合わせなどのイベントをすべて記録しておけば、その最初の日に名刺交換したこともわかります(可能ならそれも担当者の名前のノートに記録しておくとよいでしょう)。そして、バックリンクを見ることで、どの会議室をいつ使ったかもわかりますし、ある会社のノートを見ればその会社の誰と名刺交換をしているかも一目瞭然です。

ここで気になるのは、「議事録をどうやって残すか」です。一般に、議事録はWordなどの文書作成ソフトで作成している会社が多いでしょう。複数の人で合意を得るために作成するのであれば、Wordなど誰もが使えるツールで作成しておくことが望ましいものです。

このような議事録をObsidianで作成する方法もありますが、Obsidianで作成したノートを共有するのは面倒です。他のメンバーがMarkdown形式に慣れていれば問題ありませんが、さまざまなスキルのメンバーが参加しているプロジェクトなどで使うのは難しいでしょう。このため、Obsidianは個人のノートとして使われることが多く、そのデータを共有することは一般的な使い方とは言えません。

そこで、Wordなどの文書作成ソフトで作成したファイルに、Obsidianからリンクしておきます。議事録などのファイルをGoogle Driveなどのファイル共有サービスに格納して、他の人と共有しているのであれば、そのファイルへのリンクをObsidianに記録します。

これにより、その会議のノートを開くと、その議事録にスムーズにアクセスできます。もちろん、自分が議事録を作成するのであれば、その下書きをObsidianで作成しておくのはよいでしょう。Markdown形式で作成しておけば、容易に検索できます。

他の人が作成した議事録でも、そのポイントとなる部分だけをObsidianにコピーしておく方法もあるでしょう。Obsidianの中に保存しておくと、検索が容易になりますし、ノート間のリンクを最大限に活用できます。このように、さまざまな使い方ができるのはObsidianのメリットだといえます。

名刺を管理する

上記では、担当者の名前をタイトルにしたノートを作成することを解説しました。社外の人との打ち合わせであれば、初めて会った人とは名刺交換をします。この名刺をどうやって管理するのか悩む人がいるかもしれません。

営業担当者であれば、頻繁に名刺をやり取りしますし、他の担当者と情報を共有するために、会社が契約している名刺管理システムなどを使っているかもしれません。

交換した名刺は「会社の資産」として管理すべきだと考えられています。しかし、現実的には受け取った名刺をスマホのカメラなどで撮影して、会社が契約している名刺管理システムに登録するものの、実際の名刺は個人が管理していることも多いでしょう。

名刺交換をする機会が少ない職種であれば、そもそも名刺を交換する機会がほとんどなく、受け取った名刺を自分の名刺入れに入れっぱなしにしている人もいるかもしれません。

最近では、副業に取り組む人も増えていますし、地域のコミュニティ活動に参加するなど、個人で名刺を持っている人もいるでしょう。こういった場合は、交換した名刺を自分で管理しなければなりません。

もちろん、個人で使用できる名刺管理ソフトもありますが、こういった管理にもObsidianを使ってみましょう。名刺管理ソフトの中には、名刺を撮影するだけで自動的に文字起こししてくれる製品もありますが、Obsidianにはそういった機能はありませんので、手作業で入力する必要があります。それでも、最近はスマホのカメラ機能や写真アプリの機能で文字を抽出できるものが増えているため、比較的容易に入力できるようになりました。

まずは上記で解説したような個人の名前をタイトルとしたノートを作成します(同姓同名はとりあえず考えないものとします)。

そして、会社名にはリンクを作成し、会社名をタイトルとしたノートを作成します。上記の図では会社名のノートを作成しましたが、同じ会社名で別の会社が存在することや、会社の名前に「.(ピリオド)」などの文字が入ることがあるため、筆者が会社のノートを作成するときはファイル名を会社の法人番号とし、エイリアスで会社の名前を設定しています。

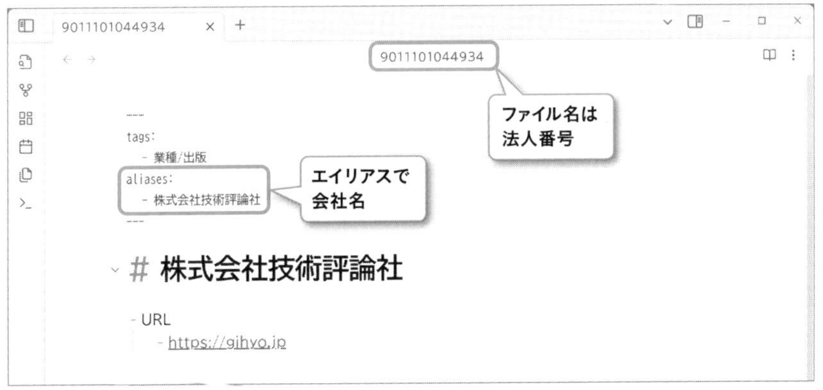

図3-10:ファイル名に法人番号を使ったノート

こうしておけば、この会社名のノートを開いてバックリンクを見ると、その会社に所属している人の名前がわかります。さらに、それぞれの人のノートを開いてバックリンクを見ると、その人といつ打ち合わせをしたのかがわかるのです。

このように、ノートをつなげることで、過去の履歴を簡単にたどれるようになります。

訪問先や場所を管理する

打ち合わせの議事録には、参加者の名前だけでなく、打ち合わせをした場所も記録します。このとき、この場所もリンクで別のノートとして作成します。たとえば、次のように住所や最寄り駅などの情報を記載します。

図3-11：場所について記録したノート

こうすることで、場所の情報を少しでも覚えていれば検索できますし、このノートを開いてバックリンクを見ると、その場所で過去にどのような打ち合わせをしたのかを一覧として確認できます。

これは打ち合わせ場所に限らず、さまざまなものに使えます。飲食店や観光地などを訪れたときにその記録を残しておくと、以前にいつ訪問したのかがわかります。写真などを合わせて記録しておくと、記憶が鮮明に蘇ることもあるでしょう。

さらに、位置情報と組み合わせることもできます。Obsidianのコミュニティプラグインとして「Map View」[注11]というプラグインが提供されています。これは、地図にノートをマッピングしてくれるプラグインです。

ノートのフロントマター部分に次のように記録すると、その位置を地図上に表示してくれるのです。

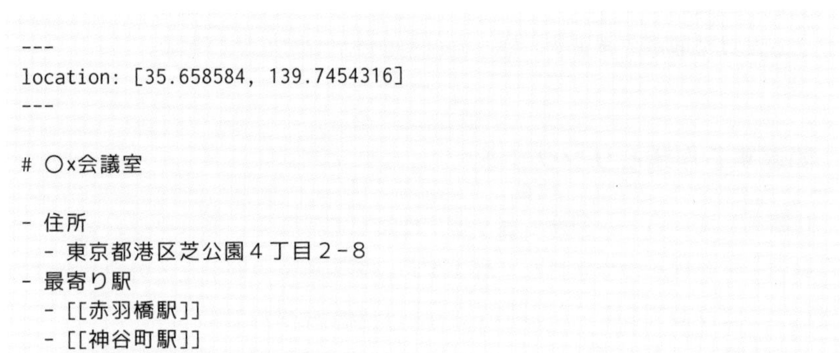

```
---
location: [35.658584, 139.7454316]
---

# ○×会議室

- 住所
  - 東京都港区芝公園４丁目２−８
- 最寄り駅
  - [[赤羽橋駅]]
  - [[神谷町駅]]
  - [[御成門駅]]
```

図3-12：Map Viewでの地図表示

注11 ：https://github.com/esm7/obsidian-map-view

このように場所の位置情報を記録しておけば、新たに作成したノートを開いてその場所の地図を開いたとき、過去に訪問した場所が近くにあったことに気づけるなど、新たな発見があります。

なお、位置情報の緯度と経度は、Googleマップで場所を検索し、右クリックするだけで取得できます。詳しくは第5章で解説しています。

関連する作業とリンクする

仕事をしていると、何度も繰り返す作業があります。プログラムを作って自動化できればその作業はなくせますが、事務作業や取引先とのやりとりの中には、どうしてもシステム化できないものが存在します。

このとき、その作業手順や内容を忘れるといけないのでメモしておきます。細かいマニュアルを作ることもできますが、自分が忘れたときに解決する目的で使うのであれば、細かく書いておく必要はありません。図やスクリーンショットがあるとわかりやすいですが、箇条書きで羅列したものでも十分でしょう。

作業を誰かに依頼したいときにも、過去に「いつ」「誰が」「どういった作業をしたのか」という履歴や作業の概要がわかるだけで、手順を説明する時間が減ります。自分の時間を有効に活用できるだけでなく、他の人にとっても質問する時間などを削減できるのです。

個々の作業は小さなものでも、それが積み重なると多くの時間をかけているものです。このため、ちょっとした作業であっても作業メモを記録しておきます。言語化することで、より効率的な手順があることに気づくこともあります。

ここで大切なのは、最初から丁寧な文書として作成する必要はないということです。他の人に見せる前提であれば丁寧に書く必要はありますが、自分が見るだけであれば省略して書けるためあまり時間はかかりません。メモとして手順を残しておき、それを参照する頻度を考慮して追記します。

ITエンジニアの中では、技術メモをQiitaやZennなどのインターネット上のサービスに残す方法がよく使われています。これらのサービスでMarkdownが使えることは第1章で紹介したとおりです。Markdownを使うと手軽に書けるだけでなく、数式やソースコードも綺麗に表現できます。

しかし、外部に公開するほどではない資料や、自分のメモとして残したい場合もあるでしょう。そんなとき、Markdownでメモを書いておけば、将来的に公開しようと思ったときの手間を最小限に抑えられます。QiitaやZennのようなサービスで公開するときも、Obsidianのメモをそのままコピーして貼り付ければよいのです。

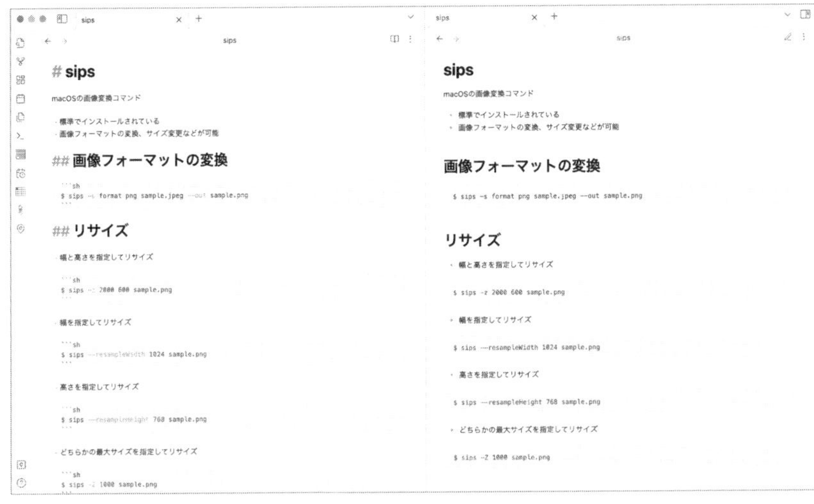

図3-13：技術メモの記録

ObsidianはMarkdownで書けるだけでなく、Obsidianの機能を使って外部に公開することもできます。Obsidianには「Obsidian Publish」[注12]というサービスがあり、publish.obsidian.mdという公式のドメインで公開するだけでなく、独自ドメインを取得してブログのように運営できます。

このあたりは、Hugoなどの「Markdownで記述できる静的サイトジェネレータ」を使ってレンタルサーバーなどで公開する方法もあり、好みが分かれるところです。

注12：https://obsidian.md/publish

3.3 趣味の本や映画もObsidianで整理

前節では仕事に関するノートをリンクでつなげる情報を解説しました。これによって、ノートをたどってさまざまな情報にアクセスできるようになりましたが、ノートを分類したいこともあります。
そこで、普段からノートを作成するときに整理することを意識して作成するための工夫について解説します。

階層的なタグで整理する

作成したノートの中から「過去に使った会議室」を調べたいと思ったとき、これまでに作成したノートだけでは、「住所」などのキーワードで検索するしかありません。しかし、「住所」という単語は個人の名前をタイトルにしたノートなどでも使っているかもしれません。

もちろん、フォルダで管理する方法もありますが、第1章で解説したように「コウモリ問題」があります。

そこで、もう少しうまく管理したいものです。このとき、階層的なタグを使う方法が考えられます。たとえば、会議室であれば**#場所/会議室**のようなタグをつけるのです。1つのノートに複数のタグを設定できるため、**#組織/○×株式会社**のようなタグを合わせてつけておくと、その会社に関連するものを検索することもできるでしょう。

ここで、タグとリンクの使い分けに悩むことがあります。「○×株式会社」に関するものであれば、「○×株式会社」についてのノートを作成し、そこにリンクしておけば、バックリンクを見るだけでこの会社に関連する情報を閲覧できることを名刺の管理の部分で解説しました。

実際、Scrapboxというツールでは、タグとリンクを同じように扱っています。このため、タグで**#○×株式会社**と書いても、リンクで「○×株式会社」につなげても同じ意味を持つのです。

これで問題ないことも多いものですが、ビジネスの場面では体系的に管理したいこともあります。つまり、「○×株式会社」についての名刺と「○×株式会社」と実施した会議を分けて表示したい、といった場合です。

こうなると、Scrapboxで管理するには一工夫必要です。たとえば、「○×株式会社の従業員」「○×株式会社との会議」などのように、名前を工夫するのです。そして、それぞれから「○×株式会社」というノートにリンクする、といった方法が考えられます。

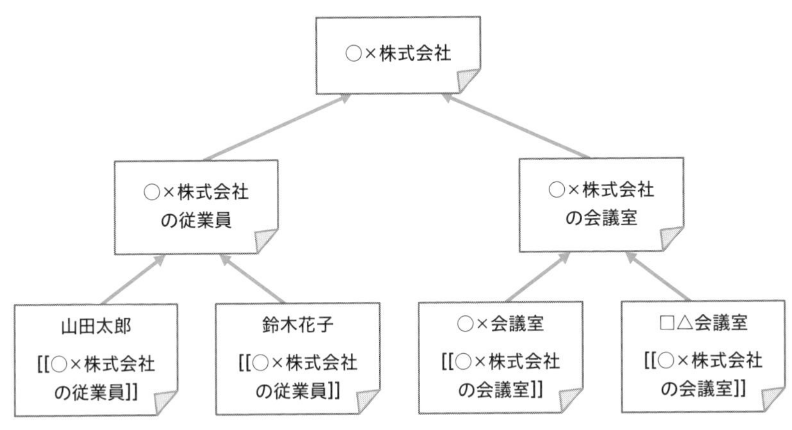

図3-14：ノートのリンクで階層的な関係を表現する例

これも1つの方法ですが、ノートの数が増えてしまいます。「○×株式会社の従業員」といったタイトルのノートがそれぞれの会社の数だけ作成され、このノートには特に書くことがない、といった状態が発生します。

Obsidianを使うと、こういった問題を解決できます。タイトルとして、社員の名前、会社の名前、打ち合わせのタイトル、会議室の名前などのノートを作成し、必要に応じて体系的に整理するためのタグを階層型で記述するのです。

つまり、ノート間をたどって使いたい場合はリンク、体系的に整理したい場合はタグを使います。リンクはノート間の関係を表し、タグはノートを組織化するために使う、と言い換えても良いでしょう。

打ち合わせなどを開催したときに、その打ち合わせに参加した人を知りたいときは人の名前からリンクしたいですし、その人が所属している会社の情報などもリンクでたどりたいものです。

タグは、同じテーマやトピック、プロジェクトなどに関連するノートをグループ化するために使用します。タグを使うことで、そのタグを設定したノートを検索でき、一覧として表示できるためです。

ノートを作成するとき、リンクであれば、「[[ ]]」で囲んだ中にタイトルの一部を入力すると候補が表示され、既存のノートであれば選ぶだけで済みます。

図3-15：内部リンクで補完候補が表示される例

タグについては、本文中であれば「#」と入力した時点で候補が表示されます。フロントマターにタグを書くときは、Obsidian 1.4.0から「プロパティ」と呼ばれる機能が使えるようになりました。

これにより、閲覧モードでノートを開き、プロパティのタグ欄にタグ名の一部を入力することで、候補が表示されます。

なお、**図3-16**のようにプロパティをサイドバーに表示するには、コマンドパレットから「Properties: Show file properties」を選択します。

図3-16：プロパティで補完候補が表示される例

書籍の管理に使う

階層的なタグを使う方法は読んだ本を管理するときにも使えます。本をたくさん購入していると、自分がどの本を購入したかわからなくなってしまいます。書店で気になった本を購入して自宅に帰ると、過去に同じ本を購入していた、という状況です。これを避けるため、書籍管理アプリを使っている人が多いでしょう。具体的には、ブクログ[注13]やReadee[注14]、読書メーター[注15]などのアプリがあります。

これらは書籍のISBNをバーコードで読み込めるなど便利な機能を備えていますが、記録を確認するにはそのアプリを開かないといけません。欲しい機能がないこともあります。そこで、読書記録もObsidianで管理します。

このとき、本のタイトルをファイル名にすると、特殊な記号が使われていたり、タイトルが重複したりする可能性があるため、ファイル名をISBNにしています。

ただし、ISBNだけでは本のタイトルがわからないため、会社名のときと同様にエイリアスを使います。たとえば、『基礎からのWeb開発リテラシー』という本であれば、「4297129078.md」というファイル名で生成し、フロントマターでタグと合わせて次のように記述しています。

注13：https://booklog.jp/

注14：https://readee.rakuten.co.jp/

注15：https://bookmeter.com/

4297129078.md

```
---
tags:
  - 書籍/著者/増井敏克
  - 書籍/出版社/技術評論社
  - 書籍/発売日/2022/06
aliases:
  - 基礎からのWeb開発リテラシー
---

# 基礎からのWeb開発リテラシー

## 書籍情報

- 著者など
  - 増井敏克(著)
- 出版社:技術評論社
- [発売日:: 2022-06-22]
- [ページ数:: 272]
- [価格:: 2300]
```


このようにタグを指定することで、同じ著者の本や同じ出版社の本を管理できますし、発売日が近い(同じ月の)本を調べることもできます。発売日などの情報は、階層的なタグで管理することで、「書籍/発売日/2022」と検索すれば2022年に発売された本を検索できますし、「書籍/発売日/2022/06」のように月まで指定して検索すれば2022年6月に発売された本を検索できます。

エイリアスを指定しているため、Obsidianのクイックスイッチャーで本のタイトルの一部(たとえば「Web開発」)を入力するだけで、その文字が含まれているノートの一覧を表示できます。他のノートからリンクするときも、このノートのエイリアスがファイル名とともに補完候補として表示されます。

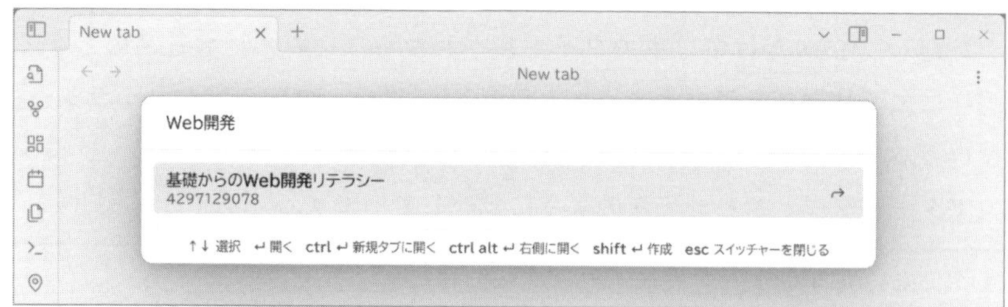

図3-17:エイリアスが補完候補として表示される例

上記のノートにはタイトルの他に著者や出版社、発売日、ページ数などの書誌情報を本文に書いていますが、これに続けて読書メモなども記録します。Obsidianは Markdownで管理しているので、上記のページ内にいくらでも情報を追記できます。

購入した日や読んだ日を書いてもいいですし、読んだ感想を書いても問題ありません。一般的な書籍管理アプリで機能が不足していても、Obsidianならさまざまな工夫ができるのです。

ここでも「事実」と「感想」、「評価」の3つの視点が使えます。書誌情報は事実であり、読書メモは感想です。そして、全体としてその本がよかったのか、自分に合わなかったのか、という評価を加えておくとよいでしょう。

もちろん、書誌情報だけを記録するために使っても構いません。しかし、本を読む目的として、新しい発見を得たり、自分の仕事に活かしたり、ということを考えるのであれば、ぜひ「自分の言葉」で感想を書いてみましょう。わずか数行の読書メモでも書こうとすると大変ですが、これを繰り返すことで思考が整理されるだけでなく、本の内容を忘れにくくなります。

なお、上記の書誌情報では箇条書きの中で発売日とページ数、価格を「[ ]」で囲っています。内部リンクでは「[[ ]]」のように2つ重ねていましたが、ここでは1つだけです。これは「インラインフィールド」と呼ばれる記法で、第6章で詳しく紹介します。

フロントマターでメタデータを管理する

上記ではタグやエイリアスをフロントマター部分に記載しました。もちろん、タグについては本文中に記載することもできます。

この他にも、フロントマター部分には自由に項目を作成して記録できます。

Obsidianでのタグの書き方には、フロントマター内に書く方法と本文中に書く方法があります。

フロントマター内にタグを書くと、メタデータとして扱われます。つまり、本文とは関係なく、ノート全体としてそのノートを体系的に管理するための情報として扱いやすくなります。

一方、本文中にタグを書くと、本文と関係した文脈で、タグに指定した内容を明確に表現できます。

つまり、タグをフロントマターに書く方法は、ノートを組織化するために使い、本文中にタグを書く方法は、ノートの内容に応じてより具体的な意味づけが可能になるのです。両方をうまく活用することで、Obsidianでより効果的な情報管理ができます。

COLUMN

Obsidianについての情報収集

Obsidianは日々アップデートが繰り返されており、新しい機能が追加されています。このため、最新の情報を収集し続けなければなりません。第2章で紹介したDiscordのコミュニティや、公式サイトにあるフォーラム以外で、インターネットを使ってObsidianの情報を収集する方法を紹介します。

まずはObsidianの公式ヘルプ[注a]です。英語ではありますが、一番信頼できるページです。このサイトから、日本語のサイトにもアクセスできます。最新の内容が反映されているとは限りませんが、少しずつ翻訳が進められています。

あるいは、TwitterなどのSNSでの検索もおすすめです。SNSのキーワード検索機能を使って、「Obsidian」や「Obsidian.md」といったキーワードで検索します。「#Obsidian部」のようなハッシュタグで検索する方法も有効です。ハッシュタグをつけて質問を投稿すれば、詳しい人が教えてくれるかもしれません。

注a：https://help.obsidian.md/Home

第4章

Obsidianで
タスクも管理しよう

4.1 タスク管理の考え方

Obsidianではノートを作成するだけでなく、さまざまな使い方ができます。本章では、仕事などで発生する多くのタスクを管理することを考えます。
タスクを管理する方法は、人によって異なります。カレンダーアプリを使ってスケジュール管理をする人もいれば、タスク管理アプリを使ってタスクを分類する人もいます。また、手帳を使って管理する人もいます。本節ではまず、タスクを管理するときに考えるべきことについて解説します。

タスクは他の成果物と関連して管理する

仕事をしていると、新しい仕事が次から次へと舞い込んできます。これは嬉しい反面、忙しくなるとそれぞれの仕事にかけられる時間が少なくなったり、集中力が続かなかったりすることにより、品質の低下につながる恐れもあります。仕事が1つや2つであれば、目の前の仕事をこなしていけばよいのですが、10個、20個と増えてくると覚えておくこともできません。

仕事だけでなくプライベートでも、思い付いたアイデアやヒントなどを頭の中で覚えているとパンクしてしまいます。買わなければいけないもの、やらなければならないことなどを頭の中だけで考えていると、気になって眠れなくなることもあるでしょう。

しかし、頭の中にあることを書き出しておくと、あとから見返せばよいので気が楽になります。ストレスを減らし、精神的な余裕を作るのです。ここで大切なのは、「書き出した内容をすぐに見つけ出せる状態にすること」です。すぐに使うメモであればチラシの裏に書いておいてもよいのですが、長く使うメモの可能性もあります。

これらを手帳や卓上カレンダーなど、さまざまな場所に書いてしまうと、どこに書いたのかを覚えておく必要があり、せっかく書き出した意味がありません。どこに書いたか（どこに保存したか）わからなくなるとストレスがたまるので、記録したものを置いておくところを決めます。

つまり、「いつも見るところ」を決め、そこに書き出すのです。そして、何をどのようなルール（フォーマット）で書くのかを決めておきます。ルールが決まっていないと、書き出したものに統一感がなくなり、その記録を再利用することもできません。

たとえば、日付や時刻とセットにして記録しておくと、いつまでに何をしなければいけないのかを明確にできます。テンプレートを用意してそれを埋めるだけで済むようにしておくなどルールが決まっていれば、それを再利用するときもすぐにコピーできて便利です。

タスクとして書き出すと、あとから見返すときに使えるだけでなく、現在抱えているものを一覧として可視化できます。仕事であれば、いつまでに何をしなければいけないのかが見えると、その人が抱えている業務量を把握できます。一覧にすることで「その仕事は続ける必要があるのか」「何度も発生するならシステム化できないか」を考えるきっかけにもなります。優先順位を定めるときにも役立つかもしれません。

図4-1：タスクの可視化

これは自身の状況を把握するだけでなく、チームで仕事をしているときにも役立ちます。自身の抱えている仕事が他の人からも見えるようにすることで、周囲の人が状況を把握でき、手伝ってもらえるかもしれません。

もちろん、抱えているタスクの一覧を作る作業には時間がかかります。しかし、仕事を進める中で、普段から作業した内容を記録しておけば、常に一覧ができた状態を保てます。これからの作業予定も記録しておけば、自然と一覧ができあがります。

過去の仕事が一覧として残っていると、仕事の発生パターンが見えることもあります。月末に依頼される仕事、週末までに終えないといけない仕事などのパターンが見えると、ある程度スケジュールを予測できます。予測できるとそれに対する準備も可能になり、自分の予定を立てやすくなります。

このためにも、書いたあとで捨ててしまう紙に書くのではなく、量が増えても残しておけるところに書き出すことは有効です。デジタルデータであれば、保存するのに場所を取らないというメリットを最大限に活かせます。

タスクの分類は難しい

タスク管理の方法は人によって違います。よく使われる例として、第3章で紹介したタスクシュートの他に、GTD[注1]などもあります。

GTDはDavid Allen氏によって開発された手法で「Getting Things Done」の略です。「Capture」「Clarify」「Organize」「Reflect」「Engage」という5つのステップでタスクを処理します。

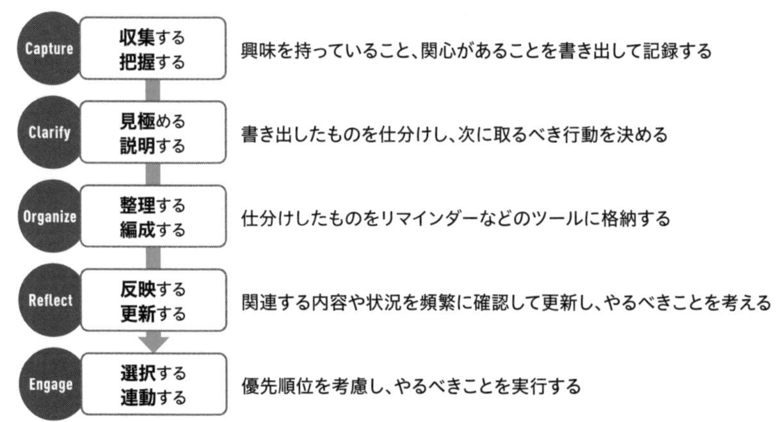

図4-2：GTDのステップ

大きな特徴として、上記の2ステップ目（Clarify：見極める、説明する）における仕分けのタイミングで、次の3つに分けて具体的な行動まで落とし込

注1　：https://gtd-japan.jp/

むことが挙げられます。

- 今すぐやる　　：短時間（たとえば2分以内）でできること
- 誰かに任せる　：短時間でできず、自分がやらなくてよいこと
- あとでやる　　：短時間でできないが、自分がやるべきこと

ここで、書き出したタスクの数が少ないのであれば、それを順に消化していけばよいかもしれません。しかし、多くのタスクが同時に発生すると、3ステップ目や4ステップ目で状況を更新しつつ、関連するタスクを把握したうえで、5ステップ目では優先順位をつける必要があります。

まずは3ステップ目の整理・編成について考えます。「買い物」「掃除」などの小さなタスクで、やることが明確なものであれば、単純なリマインダーのツールでも十分かもしれません。

しかし、仕事での大きなプロジェクトに関連するタスクであれば、さまざまな条件があり、1人では進められないものも存在します。リマインダーでのチェックリストのように、1行のコメントで書くことが難しいこともあるでしょう。

こういったときには、それぞれのタスクを細分化し、担当者を割り当てたり、周囲の状況によって対応を変えたりする必要があります。専用のタスク管理ツールを使う方法もありますが、本章ではObsidianを使ってカレンダーやノートなどと関連づけながら管理する方法を紹介します。

それができれば、4ステップ目では常に状況を更新していきます。このためには、容易に更新ができるツールが必要です。作成したものの、更新に手間がかかるのでは作業が面倒になり、実態と乖離していきます。

あとは5ステップ目の優先順位の考慮です。一般に、タスクの優先順位を決めるときには「緊急性」や「重要度」を考える方法が使われます。緊急性が高いタスクはすぐに実行する必要があります。たとえば、お客様に影響が出るようなトラブルが発生していると、自身に関する作業よりも優先して対応しなければなりません。

また、翌日に開催される会議の資料を用意できていないのであれば、来週に開催される会議の資料を作成するよりも優先して作業をしなければならない可能性があります。ただし、その重要性によってはこの順序が変わる可能性もあります。

翌日に開催される会議が社内のちょっとした打ち合わせなのに対し、来週に開催される会議が社外との重要な会議であれば、その優先度は変わってくるでしょう。

このように、優先順位を考えてタスクを適切に分類しておかないと、作業する順番が前後したり、無駄な作業が発生したりする可能性があるのです。

優先順位を考えると、タスクは**図4-3**にあるような4種類に分類されます。

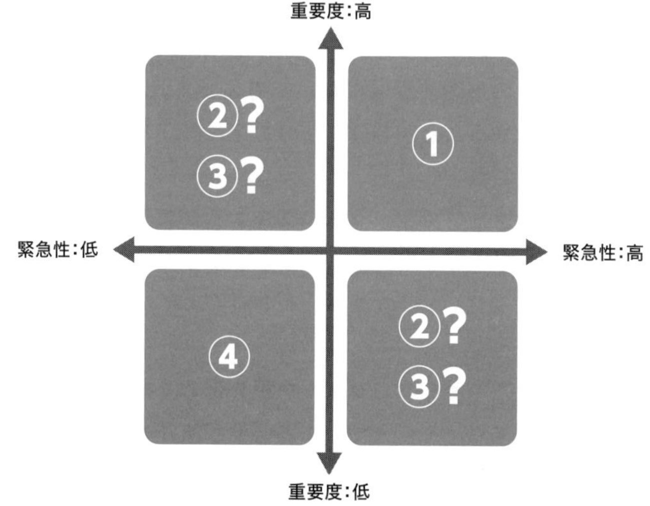

図4-3：タスクの優先順位

この中からタスクの優先順位を決めるのは簡単ではありません。「緊急かつ重要なタスク」を先に実施すべきなのは間違いありませんが、「緊急でないが重要なタスク」と「重要だが緊急でないタスク」の優先順位は時と場合によって変わります。

また、同じレベルのタスクが複数ある場合、どのタスクを先に処理すべきかを決めることは難しいものです。

たとえば、「翻訳アプリ」を作ることを考えたとき、次の機能が候補として挙げられたとします。どの機能から優先して開発するかを決めてみましょう。

- 翻訳機能（英語から日本語、日本語から英語への翻訳）
- 音声入力機能（マイクから入力した言葉を文字にする機能）

Software Design も電子版で読める！

電子版定期購読がお得に楽しめる！

くわしくは、
「**Gihyo Digital Publishing**」
のトップページをご覧ください。

電子書籍をプレゼントしよう！

Gihyo Digital Publishing でお買い求めいただける特定の商品と引き替えが可能な、ギフトコードをご購入いただけるようになりました。おすすめの電子書籍や電子雑誌を贈ってみませんか？

こんなシーンで…

- ご入学のお祝いに
- 新社会人への贈り物に
- イベントやコンテストのプレゼントに　………

◎ギフトコードとは？　Gihyo Digital Publishing で販売している商品と引き替えできるクーポンコードです。コードと商品は一対一で結びつけられています。

くわしい**ご利用方法**は、「**Gihyo Digital Publishing**」をご覧ください。

フトのインストールが必要となります。
刷を行うことができます。法人・学校での一括購入においても、利用者１人につき１アカウントが必要となり、

人への譲渡、共有はすべて著作権法および規約違反です。

- 画像認識機能(カメラで撮影した写真から文字を取り出す機能)
- 単語の辞書機能(単語を選択したときに、単語単位で翻訳する機能)

このようなときに使える方法として、「狩野分析法」が知られています。これは、何か物事を考えるときに、それが「ある」ときと「ない」ときの両面から、「嬉しい」と感じるのか「困る」と感じるのか、といった視点で考える手法で、**図4-4**のように優先順位を決められます。

<table>
<tr><th colspan="2" rowspan="2"></th><th colspan="3">ないとき</th></tr>
<tr><th>嬉しい</th><th>普通</th><th>困る</th></tr>
<tr><th rowspan="3">あるとき</th><th>嬉しい</th><td>—</td><td>3</td><td>2</td></tr>
<tr><th>普通</th><td rowspan="2">5</td><td>4</td><td>1</td></tr>
<tr><th>困る</th><td></td><td>—</td></tr>
</table>

図4-4:狩野分析法における優先順位

つまり、あるときが普通(あって当たり前)、ないと困るものが優先順位としてもっとも高くなります。あると嬉しいがないと困るものが2番目、あると嬉しいがなくても普通なものが3番目、という順になります。

筆者にとっては、「翻訳機能」はあって当たり前、ないと困るのでこれが優先順位として高くなります。次に、「単語の辞書機能」はあると嬉しいですし、ないと困るので2番目、「音声入力機能」はあると嬉しいですがなくてもよいので3番目、「画像認識機能」はあってもなくてもよいので4番目、といった具合です。

このように、どの機能があると嬉しいか、ないと困るかは人によって異なりますが、「あるとき」と「ないとき」の両面から考えることで優先順位をつけられることがわかります。

実際には、急なトラブルによって発生したタスクに時間を要することもあります。このような場合、予定していたタスクを後回しにすることが必要になるかもしれません。

以上で見てきたとおり、タスクの管理は難しいものですが、タスクの種類や優先順位を考慮して対応することが求められます。その中で、急なトラブルが発生した場合には、柔軟に対応することが必要です。

タスクを一元管理したい

タスクの数が多くなり、それを一元管理できていないと、重要なタスクを見落としてしまう可能性があります。一般的には、タスクの管理というと「タスク管理ツール」を使用する人が多いでしょう。

代表的なタスク管理ツールとして、TrelloやAsanaなどがあります。このようなタスク管理ツールを利用すると、さまざまなタスクに関する情報を一元管理できます。また、タスクの優先度や期限、担当者、進捗状況などを追加することもでき、既存のタスクにコメントを追加したり、ファイルを添付したりすることもできます。

さらに、多くのタスク管理ツールはカレンダーと統合されています。タスクの期限をカレンダーに登録することで、期限が近づいたタスクを見落とすことがなくなります。また、カレンダーにタスクの時間を登録することで、タスクの時間配分を効率的に行うことができます。

こういったタスクの詳細を自分だけで使うだけでなく、グループで共有すると、担当者間のコミュニケーションがスムーズになります。進捗状況や優先度をグループのメンバーが把握することで、漏れに気づいたり無駄をなくしたりすることにもつながります。

多くのツールは定期的なレポートの作成などの機能も備えています。1週間や1ヶ月といった区切りでレポートを作成することで、その進め方などについての改善点を考えることもできます。

このように、タスクを一元管理することで、生産性の向上やストレスの軽減など、さまざまなメリットが考えられるため、これまで表計算ソフトなどで管理していた場合は、専用のツールなどを検討してもよいでしょう。

以降では、Obsidianが備える機能を使って、効率よくタスク管理をする方法について解説します。

4.2 タスクとカレンダーをつなげる

タスクを管理する考え方が理解できたところで、Obsidianを使った工夫について考えます。Obsidianはタスク以外のさまざまな情報とリンクできるため、他のノートとつなげることでより便利に管理できます。
ここでは、短期間のタスクとして、その日に処理するような小さなタスクをObsidianのデイリーノートやカレンダー機能と連携する方法について解説します。

デイリーノートとの連携

Obsidianでは、小規模なタスクを管理するために「TODOリスト」を作成できます。第2章で箇条書きとしてチェックリストを作成する方法について解説したように、TODOリストをMarkdown形式で記述すると、タスクの状態をチェックボックスで表現できます。たとえば、次のような形式でTODOリストを作成します。

```
- [ ] タスク1
- [x] タスク2
```

このように「[ ]」の中を空白にすることで未完了のタスクを表し、「[x]」のように「x」の文字を間に入れることで完了したタスクを表しします。閲覧モードで開くと、「x」の文字が入った行は打ち消し線が表示され、タスクが完了したことがわかります。

図4-5：タスクの状態を表現

閲覧モードで開いた状態でも、チェックマークの部分をマウスでクリックしたり、もし設定しているならホットキーを押したりすることで、オンとオフを切り替えられます。箇条書きで一覧になっているため、1つのファイルでのタスク管理には便利でしょう。

第3章では、デイリーノートを作成するときに、チェックボックス付きのタスクを作成することを解説しました。これにより、朝の段階で当日の作業内容を書いておくと、その日が終わったときに、消化できたタスクを一覧として確認できます。

このように、小さなタスクであれば、個別のノートを作成するのではなく、デイリーノートに書いておくと便利です。箇条書きの項目にリンクを設定し、タスクの詳しい内容は別のノートとして作成すれば、細かな内容もObsidianで記録できます。

指定した時刻に通知する

当日に完了するような小さなタスクであれば、デイリーノートにチェックボックス付きで書くだけで十分です。1日の中で時々見返しながら、現在の作業状況を確認してもよいでしょう。

しかし、Obsidianのデイリーノートを1日のうちに何度も確認するのは面倒なので、タスクの内容によっては必要なタイミングで通知してほしい場合があります。たとえば、指定した時刻になるとすぐに行動を起こすべきタスクであれば、音を鳴らしたり画面にポップアップしたりして表示してほしいのです。会議が14時から始まる場合、その会議に必要な資料を整理して、その会議の場所まで移動することを考えると13時30分頃には通知がほしい、といった具合です。

このように通知するとき、さまざまな方法が考えられます。よく使われる方法は、カレンダーアプリを使う方法です。iPhoneやiPad、Macなどを使っている場合は、Appleの標準アプリであるカレンダーアプリを使う方法があります。iCloudで同期するように設定しておき、インターネットに接続すると、それぞれの端末で同じカレンダーを使用できます。

その他にも、Googleカレンダーを使っている人がいるかもしれません。AndroidのスマホやWindowsパソコンなど、さまざまなOSでも同期できて便利です。

COLUMN

Tasksプラグインの使用

タスクの作業状態をもう少し細かく管理したい場合は、「Tasks」[注a]というコミュニティプラグインを使用する方法もあります。このプラグインを使うと、タスクの締め切り日や予定日、開始日、優先順位、繰り返しなどを絵文字で表現することで見た目にもわかりやすく表現できます。

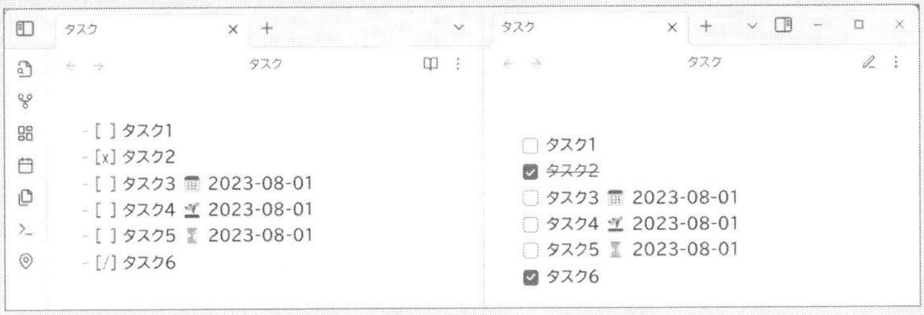

```
- [ ] タスク1
- [x] タスク2
- [ ] タスク3 📅 2023-08-01
- [ ] タスク4 ⏳ 2023-08-01
- [ ] タスク5 🛫 2023-08-01
- [/] タスク6
```

図4-a：Tasksプラグインを使用したタスクの状態

図4-aの最終行にある「/」は半分終了した（作業中の）タスクを意味する記号です。このように、標準のチェックリストでは用意されていない「カスタムステータス」と呼ばれる状態を設定することもできます。

後述する「query」の機能を使ってさまざまなタスクを抽出することもできるため、高度な管理をしたい人は試してみてもよいでしょう。

注a　：https://github.com/obsidian-tasks-group/obsidian-tasks

　このようなカレンダーアプリには通知機能があります。指定した時刻になると、音を鳴らしたり画面上に通知メッセージを表示できたりします。

　これと似たようなことをObsidianで実現することを考えると、「Reminder」[注2]というコミュニティプラグインを使う方法があります。このプラグインを使うと、ノート内で指定した時刻になると、パソコンの画面上に通知できます。

　たとえば、次のように記述すると、8月1日の9時30分になった時点で**図4-6**のような通知が表示されます[注3]。

```
# 2023-08-01

- [ ] 10:00 [[ABC打ち合わせ( 2023-08-01 )]](@2023-08-01 09:30)
```

図4-6：Reminderプラグインでの通知

　このような通知を出すと、他の作業をしていても、すぐに頭を切り替えて、打ち合わせに参加できます。ここではデイリーノートにタスクとして書いていますが、デイリーノートである必要はありません。案件ごとのノートに、実施すべきタスクを箇条書きとして書き出しておき、それぞれの行に**(@2023-08-01 09:30)**のような日付と時刻を指定すればよいのです。日付だ

注2　：https://github.com/uphy/obsidian-reminder

注3　：ただし、執筆時点のObsidianでは、WindowsやmacOSのようなパソコン向けのアプリであれば通知できますが、スマホアプリでの通知には対応していません。今後対応される可能性がありますが、現時点ではパソコンのみの対応となっています。

けであれば、標準では9時に通知されます。設定画面で通知時刻を変更することもできます。

このプラグインを入れておくと、「(@」と入力した時点で、日付選択の画面が表示されるため、入力はそれほど面倒ではありません。

図4-7：Reminderプラグインでの日付入力

多くの場合、通知が表示されるとその通知を消して、それ以降は通知する必要はありませんが、タスクによっては「通知は必要だが、急いで行動する必要はないもの」もあります。たとえば、「毎月20日に請求書を発行する」といったタスクです。請求書の内容に規則性があるのであれば、その発行を自動化したいものですが、その月の作業内容によって金額や内容が変わるのであれば、手作業で請求書を発行する必要があります。

このタスクの場合、その月の20日に通知は必要ではあるものの、特定の時刻に作業をする必要はありません。朝9時に通知したとしても、その日のうちに作業をすればいいものです。これをカレンダーアプリで設定すると、通知を消した時点でそれ以降は何も通知されなくなってしまいます。

こういった場合は、カレンダーアプリよりも、Reminderプラグインやリマインダーアプリの方が便利です。Reminderプラグインでは、図4-5のように「Remind Me Later」というボタンが表示され、次に通知するタイミングを制御できます。macOSやiOSなどのリマインダーアプリでは、通知を消してもタスク自体を「完了」にしなければMacやiPhoneの画面に未完了のタスクが残っていることのバッジが出続けます。

このように、日付だけ指定して時刻はあまり気にせずにアクションを起こせば十分なのであれば、リマインダーを使うと便利です。

定期的に繰り返すタスクであれば、リマインダーアプリで定期的なイベントとして登録する方法もありますし、ObsidianのReminderプラグインであれば「Remind Me Later」から「Tomorrow（明日）」や「Next Week（翌週）」[注4]を指定すると、自動的に指定した日付に書き換えられ、その日に通知されます（**図4-8**）。また、上記のコラムで紹介したTasksプラグインで繰り返しイベントを登録する方法もあるでしょう。

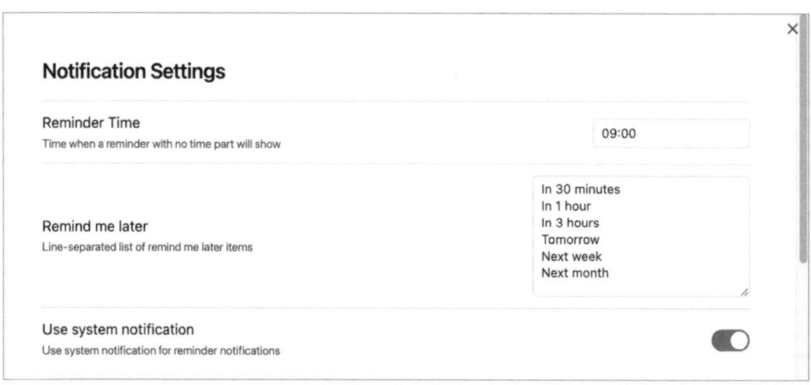

図4-8：Reminderプラグインの設定

スマホでの通知が必要であればリマインダーアプリなどが便利ですが、1日の多くの時間をパソコンの前で仕事をしているのであれば、ObsidianのReminderプラグインを使う方法が便利だと感じます。

注4　：「Next Month（翌月）」や「Next Monday（翌月曜日）」などを選びたい場合は、設定画面で指定できます。

4.3 タスクとノートをつなげる

Obsidianはデイリーノートのように日々の記録だけに使うこともできますが、自分の持っている知識を整理することで、Wikipediaのような百科事典に近いものを作ることもできます。Obsidianは「PKM（Personal Knowledge Management）」ツールと呼ばれることもありますが、個人の知識を管理するうえでも非常に優れたツールです。
そして、単純にノートを作成するだけでなく、タスク管理とノート作成を統合できることも特徴です。以下では、Obsidianを使ったタスクとノートの統合について、具体的な方法を解説します。

百科事典のようなノートを作る

Obsidianで作成するノートはMarkdown形式で記述するだけでなく、他のノートへのリンクを作成することで、他のノートと関連付けられます。たとえば、次のような形式でノートを作成できます。

```
# ノートのタイトル
このノートは、○○についての情報をまとめたものです。
[[関連するノートのタイトル]]
```

このようにノートを作成すると、関連するノートを順にたどることで、さまざまなノートを順に閲覧できます。それだけでなく、リンク先のノートからのバックリンクによって、そのノートにリンクされているノートを一覧で表示できます。こうしたことは第3章でも解説しました。

そして、これを使って百科事典のようなノートを作成できます。タイトルとして固有名詞を使い、その言葉を説明する文章を本文として書いていきます。

たとえば、料理についてのノートを作成するのであれば、料理の名前をタイトルにしたノートを作成します。そして、その料理に使用している食材の名前にリンクを作成し、食材の名前をタイトルにしたノートを作成します。

このようにノートがつながっていくのは便利そうですが、問題はこのようなノートを作成するのに時間がかかることです。次から次へとノートを作成していくのですが、作成中に他の作業が発生すると、そのノートの作成が止まってしまう可能性があります。

そんなときには、作業状況を記録しておきたいものです。

たとえば、ノートの中に**#作業中**といったタグをつけておく方法があります。これは、指定したタグをつけたノートを検索すれば、作業中のノートの一覧を表示できるため、状況を把握するには便利です。しかし、作業が完了すると、そのタグをノートから削除することになります。すると、これ以降はどのタイミングで作業をしたのかわからなくなります。履歴を調べるには、別に作業履歴を記録しておく必要があります。

他の方法として、ノート内に作業状況をチェックリストとして作成する方法が考えられます。たとえば、**図4-9**のように作業予定日と合わせて作業内容を書いておくのです。

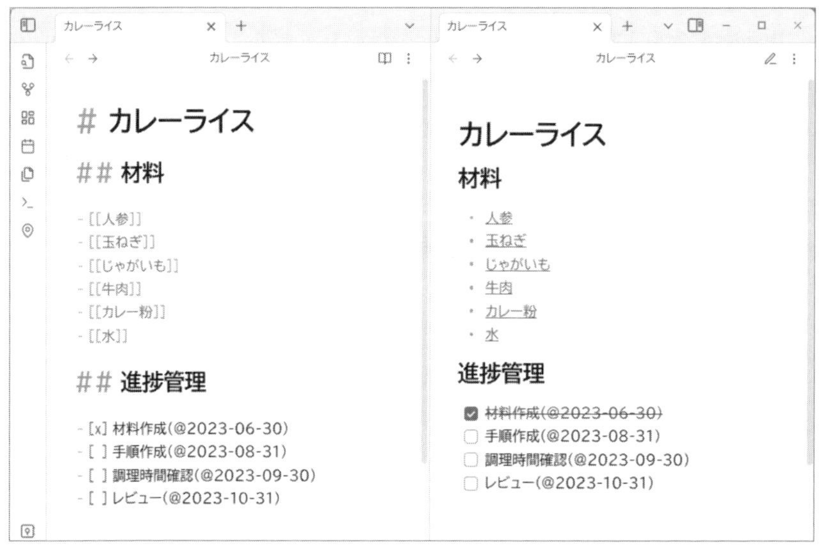

図4-9：作業状況を記録する例

前節では、デイリーノートにタスクを並べる方法を解説しましたが、デイリーノート以外にタスクを書いても問題ありません。デイリーノートに書くのは、「当日に処理すべきタスク」であり、その他のタスクを書くとどれを処理すべきなのかわからなくなってしまいます。もちろん、翌日以降に処理すべきタスクも合わせて書いてもよいのですが、その日のうちに終わらないため、毎回翌日以降のデイリーノートにコピーする作業が必要です。

特定の日に実行すべきことがわかっているタスクであれば、将来の日付のデイリーノートを事前に作成しておき、そこに書いておく方法もありますが、締め切りだけが決まっているタスクもあります。作業が複数の日付にまたがるタスクであれば、特定の日に作成しておくのは違和感があることも多いでしょう。

このようなタスクであれば、タスクがあることを把握できるように、作成したノートに対して、作業をした日のデイリーノートからリンクする方法が考えられます。

ここで、タスクがさまざまなノートに分散してしまうと、未完了のタスクがわからなくなってしまうと考えるかもしれません。しかし、Obsidianでは、保管庫にあるノートに対してさまざまな検索ができます。

たとえば、保管庫の中に残っている未完了のタスクを調べようと思ったら、検索欄に「**task-todo:""**」と入力するだけです。

図4-10：未完了のタスクの検索

この「**task-todo:""**」というのは、「チェックボックスがチェックされていないタスクの一覧」を表示する条件です。保管庫にあるノートから、未チェック（未完了）のタスクを検索し、ファイル名とあわせて表示します。

これにより、複数のノートがあっても、その中から未完了の（チェックしていない）タスクをファイル名と合わせて表示できます。同様に、完了済みのタスクを表示するには、「**task-done:""**」と指定します。

ただし、毎回このような検索キーワードを入力するのは面倒です。そこで、検索に使うキーワードをノート内に埋め込む「query」という表記を使うと便利です。

これは、保管庫の中にあるノートに対してさまざまなクエリを実行し、その結果を埋め込んで表示できる機能です。Obsidianの検索機能を使って検索するときの条件として指定するキーワードを入力すれば、その検索条件に一致する結果がノート内に表示されます。

たとえば、次のように指定すると、タグとして**#書籍/著者/増井敏克**という値が設定されているノートを一覧で表示できます。

````
```query
tag:書籍/著者/増井敏克
```
````

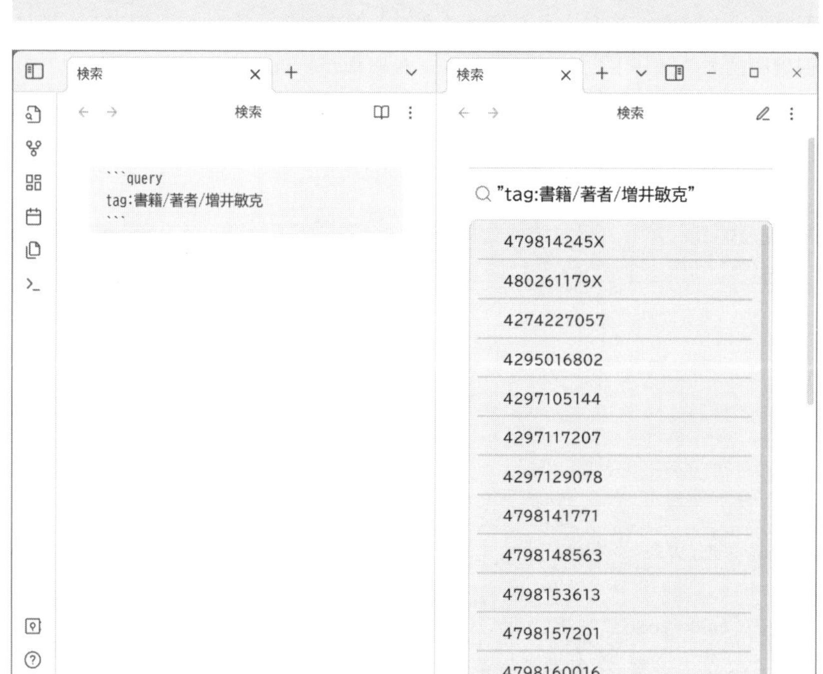

図4-11：タグでの検索結果の埋め込み

こういったタグでの検索だけでなく、上記で解説した未完了のタスクを探した結果を表示することもできます。

具体的には、「ToDo」などのタイトルのノートを作成します。その中身は次のような感じです。

````
# ToDo

```query
task-todo:""
```
````

図4-12：未完了のタスクを埋め込む例

このファイルを毎回開く必要がありますが、「ToDo」のようなわかりやすいノート名にしておけばクイックスイッチャーで容易に開けますし、「ブックマーク」に保存しておいてもよいでしょう。

画像や他のノートを埋め込む

クエリを使うことで、ノートの中に検索結果を埋め込むことができましたが、Obsidianで埋め込めるのは検索結果だけではありません。たとえば、画像や動画を埋め込むには、次のように記述します。

```
![](https://masuipeo.com/img/books.png)
```

図4-13：画像の埋め込み

保管庫内にある他のノートも埋め込むことができます。あるノートに関連するノートを見たいとき、関連するノートの数が増えると、それらを1つずつ開くのは面倒なものですが、ノート内にほかのノートを埋め込んでおくと、1つのノートを開くだけで全体を把握できます。

たとえば、次のように書くと、「Obsidian」というタイトルのノートを、現在のノート内に埋め込むことができます。

```
![[Obsidian]]
```

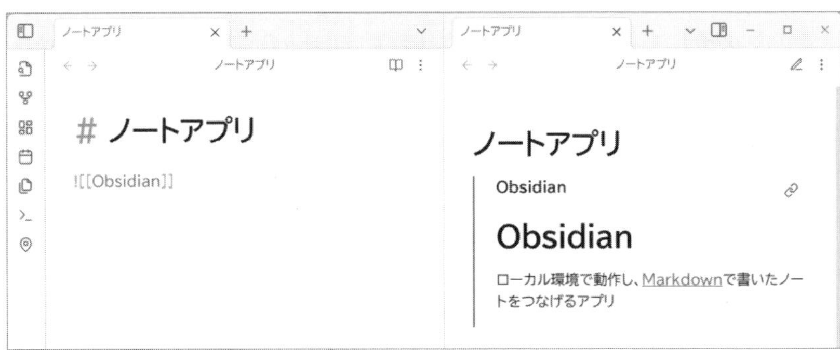

図4-14：ノートの埋め込み

これを使うと、書籍のようなまとまった量の文章を書くときも、章単位でノートを作成し、それを埋め込むことで1つのノートとして文章を読むことができます。

```
![[第1章]]
![[第2章]]
![[第3章]]
![[第4章]]
![[第5章]]
![[第6章]]
```


最近のノートを表示する

Obsidianのようなデジタルノートでは、たとえ多くのノートを作成していたとしても、紙のノートと比べて実感がわかないことがあります。知らず知らずのうちに、膨大な量のファイルを作ってしまっているのです。そして、長期間使っていると、最近更新されたノートがどれかわからなくなります。

ノートに限らず、最近更新した資料を何度も開くことが多いものです。第1章でも紹介した『「超」整理法』の「押し出しファイリング方式」のように、いつ使ったものかを覚えておくだけで便利に使えるため、最近使ったものから順にアクセスできる機能は有用です。

また、最近のノートを表示することで、自分がどのようなことに取り組んでいるかを把握できます。もちろん、最近更新されたノートにすばやくアクセスできれば、必要な情報をすばやく見つけられます。

最近のノートを表示するには、いくつかの方法がありますが、もっとも簡単なのは、「クイックスイッチャー」を使う方法です。第2章で解説したように、開いているファイルを切り替えるためのものですが、直近に開いたノートが候補として表示されるため便利です。

その他にも、「Recent Files」[注5]というコミュニティプラグインを使用する方法があります。このプラグインをインストールすると、最近開いたノートがサイドバーに表示されます。

ただし、上記の方法は「最近開いたノート」が表示されるだけです。しかし、

注5　: https://github.com/tgrosinger/recent-files-obsidian

ノートを開いただけでその中身を更新しないこともあります。このプラグインでは、開いただけで「最近のファイル」として表示されてしまいます。「最近更新したファイル」を知りたい場合には使えないのです。このような場合には、「Dataview」というコミュニティプラグインを使用する方法があります。詳しくは第6章で解説します。

ノートのタイトルで工夫する方法もあります。第3章では、打ち合わせなどのノートを作成するときに、タイトルに日付を入れる方法を解説しました。デイリーノートでのタイトルを「2023-08-01」のような「YYYY-MM-DD」の形式にしておき、その他のノートのタイトルに「ABC打ち合わせ(2023-08-01)」のように「YYYY-MM-DD」形式の日付を入れるのです。

ノートのタイトルに日付を入れておけば、Obsidianの「リンクされていないメンション」により、当日のデイリーノートを開いたときに、その日付に関連するノートが表示されます。

このように、それほど更新されることがないノートであれば、その作成した日付を入れておくと、カレンダーからデイリーノートを開くだけで、その日に関連したノートにアクセスできます。

4.4 タスクとプロジェクトをつなげる

小規模なタスクであれば、上記のようなデイリーノートやノートにチェックリストを作成する方法で十分なのですが、もう少し大規模なプロジェクトの管理を考えてみましょう。
Obsidianを使うと、長期間のプロジェクトのように大規模なものでも、ガントチャートをテキスト形式で表現することで、容易に更新できる仕組みを構築できます。

ガントチャートを作る

長期間にわたるプロジェクトでは、1つのタスクに数日や数週間といった期間が必要なことは珍しくありません。筆者の仕事であれば「書籍の執筆」のようなものは数ヶ月にわたります。章単位に区切って考えたとしても数週間単位、節単位でも数日かかります。

このように、それぞれの工程を細かく分けたとしても1日では終わりません。そして、「その日のうちになんとかしないといけない」という状況もあまり発生しません。他に急ぎの案件が発生すると、そちらを優先することになります。

こういったプロジェクトでは、個々のタスクがあることを認識しておく必要はありますが、通知は不要です。そして、大きく捉えたときに、その進捗状況や締め切りは把握しておく必要があります。

このような長期間のプロジェクトを管理するとき、一般的には「WBS」や「ガントチャート」といった方法を使います。WBSは、大項目から中項目、小項目といった具合に細かく分けていく手法です。そして、ガントチャートは、プロジェクトの進捗状況を視覚的に表現するために使用されるツールの一種です。

ガントチャートを使うことで、タスクの期間や進捗状況を時系列に沿って表示でき、プロジェクト全体のスケジュール管理やリソース配分の最適化に役立ちます。

大項目	中項目	小項目	担当者	開始日	終了日	工数	1	2	3	4	5	6	7	8	9	10	11	12	13	14	…
要件定義	○×システム	要件定義書作成	A	4月1日	4月5日	5人日															
		要件定義書レビュー	B	4月8日	4月10日	3人日															
	□△システム	要件定義書作成	C	4月1日	4月3日	3人日															
		要件定義書レビュー	B	4月4日	4月5日	2人日															
設計	○×システム	基本設計	D	4月11日	4月17日	5人日															
		基本設計レビュー	E	4月18日	4月19日	2人日															
		詳細設計	F	4月22日	4月30日	7人日															
		詳細設計レビュー	E	5月1日	5月2日	2人日															
	□△システム	…	…	…	…	…															
実装	○×システム	XXX画面作成	G	5月6日	5月10日	5人日															
		YYY画面作成	G	5月13日	5月17日	5人日															
		ZZZ画面作成	G	5月20日	5月24日	5人日															
		…	…		…	…															

WBS　　ガントチャート

図4-15：WBSとガントチャート

このようなガントチャートを作成するとき、一般的にはExcelなどの表計算ソフトや、プロジェクト管理ツールが使われます。使うときはガントチャートを見て大まかなスケジュールを確認し、それを細かく分解して日々のタスクに落とし込むイメージです。

このとき、Excelなどで作成した図を画像にして貼り付ける方法も考えられますが、画像にしてしまうと変更が発生したときにそれを反映するのが大変です。進捗状況を把握するためには、完了した部分をわかるようにしておく必要がありますし、予定が変更になった場合は書き換えなければなりません。

そこで、ガントチャートもObsidianを使ってテキスト形式で作成します。ガントチャートを作成するツールとして、ここでは「Mermaid」[注6]というJavaScriptのライブラリを使います。Obsidianでは、このMermaidを標準で使用できるようになっており、円グラフやプログラミングの設計で使われる図などをテキスト形式で指定できます。

たとえば、ノートの中に次のような内容を記述すると、円グラフを描けます。

```
```mermaid
pie title 血液型別の人数
    "A型" : 41
```

注6　：https://mermaid.js.org/
```

````
    "B型" : 29
    "O型" : 21
    "AB型" : 9
```
````

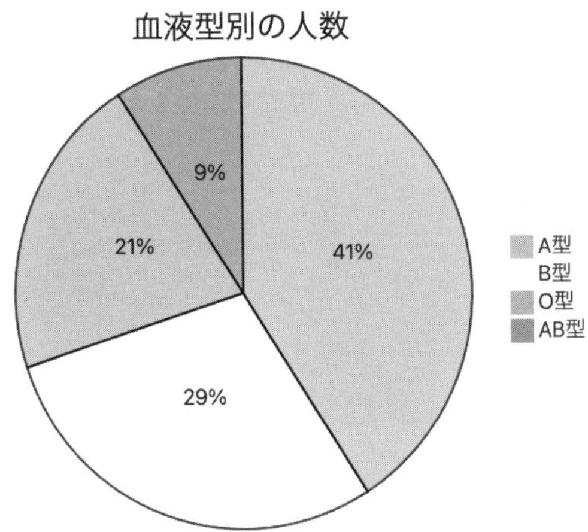

図4-16：円グラフ

また、ノートの中に次のような内容を記述すると、フローチャートを描けます。

````
```mermaid
flowchart TD
    A((入力値\nyear)) --> B{yearが4で\n割り切れるか？}
    B -- Yes --> C{yearが100で\n割り切れるか？}
    C -- Yes --> D{yearが400で\n割り切れるか？}
    C -- No --> E((閏年である))
    D -- Yes --> F((閏年である))
    D -- No --> G((閏年でない))
    B -- No --> G((閏年でない))
```
````
````

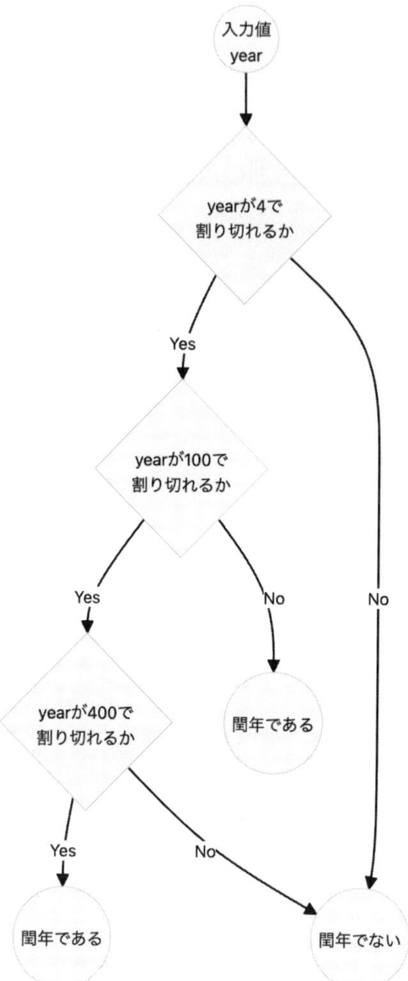

図4-17：フローチャート

ガントチャートを作成するには、次のように書きます。

```
```mermaid
gantt
        title システム開発プロジェクト
        axisFormat %m/%d
        section 機能A
```
```

```
        要件定義: 2023-04-01, 25d
        設計: 2023-04-25, 15d
        実装: 2023-05-10, 33d
        テスト: 2023-06-12, 18d
    section 機能B
        要件定義: 2023-05-20, 26d
        設計: 2023-06-15, 15d
        実装: 2023-06-30, 41d
        テスト: 2023-08-10, 21d
    section 機能C
        要件定義: 2023-07-15, 31d
        設計: 2023-08-15, 16d
        実装: 2023-08-31, 40d
        テスト: 2023-10-10, 21d
```
```
^schedule
```

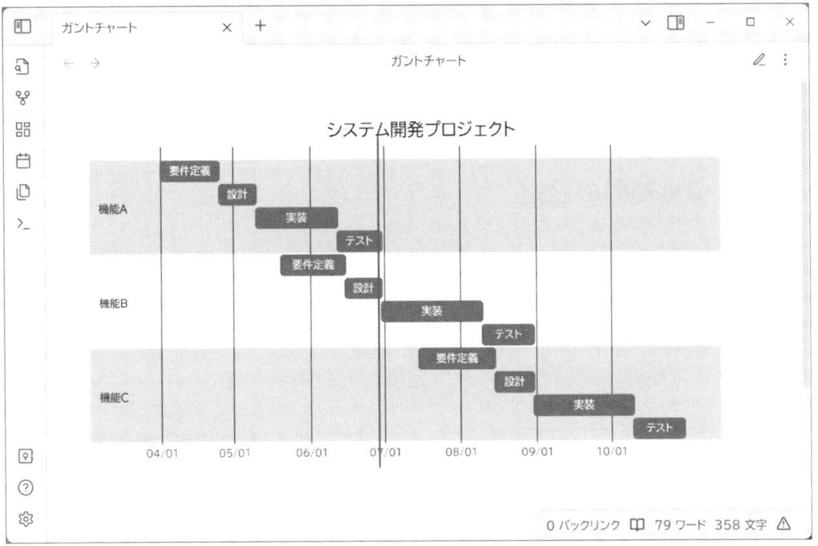

図4-18：ガントチャート

このガントチャートには、最後の行に**^schedule**という記述を追加しています。このように指定しておくと、図に名前をつけられます。そして、この名前で他のノートに埋め込むことができます。

たとえば、上記で作成した「ToDo」というノートに、ガントチャートを埋め込んでおくと、このファイルを見るだけでさまざまなタスクやプロジェクトの進捗状況を一覧で把握できます。

```
# ToDo

```query
task-todo:""
```

![[プロジェクトA^schedule]]
![[プロジェクトB^schedule]]
```

WBSを作成し、ガントチャートにするためには、以下の手順で進めます。

1. タスクの洗い出し

まずはプロジェクトに必要なタスクを洗い出します。プロジェクトの目的に応じて、管理できる範囲でできるだけ細かく分割しておきます。この「管理できる範囲で」というのが大切で、作業に長期間かかるものや大規模なものでは進捗状況を把握するのが大変ですし、5分や10分で終わるものを書き出してしまうと管理が大変になります。

2. タスクの期間の設定

書き出したタスクに対して、どのくらいの時間がかかるのかを検討し、期間を設定します。この期間は、開始日と終了日で表されます。設定した期間と実際の作業日数に大幅なズレがあると、プロジェクト全体のスケジュールが遅延する可能性があるため、その見積もりは重要です。

3. タスクの依存関係の把握

タスクとタスクの間には、前後関係があります。あるタスクが完了するまで、別のタスクを開始することができない状況を把握しておかないと、作業の前提条件となる資料が用意されていなかったり、同時期に同じ担当者の仕事が重複したりします。このため、依存関係を把握しておきます。

4. ガントチャートの作成

タスクの洗い出し、期間の設定、依存関係の把握が完了したら、ガントチャートを作成します。

状況の変化に合わせて更新する

ObsidianでMermaidを使ってガントチャートを作成しておくメリットは、容易に更新できることです。あるタスクが終わった、タスクが追加になった、といった場合にも、Markdownファイルの中で書き換えるだけで済みます。

タスクが終わった場合は、先頭に**done**と追加します。これにより、ガントチャートの該当部分の色が変わります。たとえば、機能Aの作業が終わったら、それぞれの行の日付の前に**done**と入れます。ここでは、機能Bの要件定義の行まで**done**と追加しています。

````
```mermaid
gantt
        title システム開発プロジェクト
        axisFormat %m/%d
        section 機能A
                要件定義: done, 2023-04-01, 25d
                設計: done, 2023-04-25, 15d
                実装: done, 2023-05-10, 33d
                テスト: done, 2023-06-12, 18d
        section 機能B
                要件定義: done, 2023-05-20, 26d
                設計: 2023-06-15, 15d
                実装: 2023-06-30, 41d
                テスト: 2023-08-10, 21d
        section 機能C
                要件定義: 2023-07-15, 31d
                設計: 2023-08-15, 16d
                実装: 2023-08-31, 40d
                テスト: 2023-10-10, 21d
```
^schedule
````

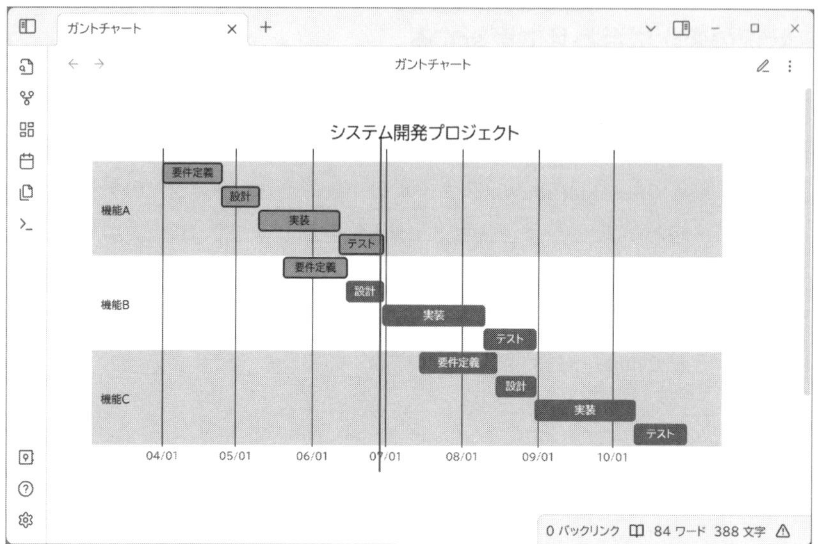

図4-19：完了したタスクを更新した例

COLUMN

カンバン方式で管理する

タスクを管理するとき、カンバン方式を使っている人もいるでしょう。「To do」「Doing」「Done」などのボードを配置し、抱えているタスクをカードとして作成します。そして、そのカードをボード間で移動する方法です。

Obsidianでは、「Kanban」[注a]というコミュニティプラグインも用意されており、Markdownで作成したカードをカンバン方式で管理することもできます。ぜひ使ってみてください。

注a：https://github.com/mgmeyers/obsidian-kanban

第 5 章

あらゆるものをつなげて新しいアイデアを発想しよう

5.1 思考をつなげるノート作成の考え方

デイリーノートやタスク管理など、Obsidianを使うとさまざまなノートを作成できることがわかりました。しかし、その他のノートをどういった単位で作成すればうまく管理できるのかを理解するためには、先人たちが考えてきた手法を知ることが有効です。
ここでは、デジタルのツールでノートを作成するときの考え方について紹介します。

Evergreen Notes

デジタルのツールでノートを書くときは、これまでの手書きのノートとは考え方を変えないといけません。デジタルのツールでノートを書くときの考え方の1つとして「Evergreen Notes」があります。日本語では「エバーグリーンノート」と書かれることが多いものです。

これは、ノートを一度作成したら終わりではなく定期的に見返して追記するという考え方です。常緑樹において常に緑色の葉が生い茂っているように、いつ見てもよい状態のノートを作るのです。これにより、「ずっと使える」ことを意識した「育てる」ノートを作ることにつながります。

多くの人は、記録を残すためにしかノートを使いません。せっかく書いたノートであっても、それをあとから見返すこともせず、死蔵してしまうのです。これはもったいないものです。

ただし、あとから見返すことを意識して、ノートを作成するときのハードルが高くなるのは問題です。第3章でも書いたように、ノートはとにかく「書くこと」が大切です。

思いついたことをノートに書くときは、思考を止めないように思いつくまま文字にします。そして、文字になったものを、あとから見返して整理していくのです。

こういった考え方でノートを作成するとき、エバーグリーンノートでは次の5つの原則[注1]が挙げられています。

1. Evergreen notes should be atomic
2. Evergreen notes should be concept-oriented
3. Evergreen notes should be densely linked
4. Prefer associative ontologies to hierarchical taxonomies
5. Write notes for yourself by default, disregarding audience

日本語に訳すと、次のようになります。

1. エバーグリーンノートは原子的であるべき
2. エバーグリーンノートはコンセプト指向であるべき
3. エバーグリーンノートは密にリンクする
4. 階層的な分類法より、連想的なオントロジーを優先する
5. デフォルトで自分のためにノートを書き、読者を無視する

3つ目の「リンクする」ことや、4つ目の「階層的な分類より連想的」はObsidianのリンクとバックリンク、タグといったものが適していると想像できます。そして、最後の「自分のためにノートを書く」のもここまで紹介してきたようなライフログの考え方や自分用のノートと一致します。

残るのが最初の2つです。1つ目の「原子的」とは、「1つのノートには1つのことだけを書く」ということです。2つ目の「コンセプト指向」とは、ノートを作成する単位を「本」や「イベント」、「プロジェクト」などではなく、概念で考えるということです。これらは次の項で紹介する「Zettelkasten」がその背景にありますので、そちらで紹介します。

エバーグリーンノートで大切なのは、一度作ったノートをどんどん変更することです。自分の考えが変わることもあるため、時間の経過とともに自分が考えたことを追記し、書き換えていきます。

もし他の人がそのノートを見ている可能性を考えると、書き換えてはいけないと躊躇してしまいます。しかし、自分のためのノートで、他に誰も見ていないのであれば自由に書き換えられます。これがObsidianで自分専用の

注1 ：https://notes.andymatuschak.org/Evergreen_notes

ノートを書いているときに相性が良い理由です。

Zettelkasten

第3章では、デイリーノートにはタスクのタイトルを書き、それを書くタスクのノートにリンクする、という方法を紹介しました。これを読んだとき、「タスクの内容もデイリーノートに書けばいいのではないか？」と感じた人もいるかもしれません。

もちろん、その日だけ実施するタスクであればそれでも問題ないかもしれませんが、複数の日に渡って実施するタスクであれば、同じタスクの内容が複数のノートをまたがって存在することになります。

これは一般的なノートでも同じです。複数のノートに同じ内容を書いてしまうと、変更したい箇所が出てきたときに複数のノートを更新しなければなりません。もし更新を忘れたノートがあると、あとから見返したときにどれが正しいのかわからなくなります。

こういった問題に対し、ドイツの社会学者であるニクラス・ルーマン氏が提唱した方法であるZettelkasten（ツェッテルカステン）が有名です。「Zettel」はメモ、「kasten」は箱を意味する言葉で、紙に書いたメモ（カード）を箱に入れて知識を管理する考え方です。

ブレーンストーミングで有名なKJ法を想像してもいいかもしれません。KJ法では、アイデアをカードに書き、それをグループ化して整理します。このように、小さな単位で個々のノートを作成しておけば、それらを組み合わせることもできるのです。同様の方法として、『知的生産の技術』[注2]（梅棹忠夫 著）で紹介されている「こざね法」もあります。

Zettelkastenには多くのルールがありますが、基本的な考え方は次の3つです。

- 1枚のカードに1つの概念を書く
- 自分の考えを自分の言葉で書く
- 関連するカードにリンクする

注2　：https://www.iwanami.co.jp/book/b267410.html

これは、上記のエバーグリーンノートで紹介したものと似ていることがわかるでしょう。ここでも「概念」という言葉が出てきました。エバーグリーンノートの「コンセプト指向」と同じです。「概念」という言葉を『明鏡国語辞典（第三版）』で調べると、次のように書かれています。

> ❶個々の事物から共通する性質を抜き出し、それらを総合して構成する普遍的な表象。言語によって表され、内包と外延をもつ。
>
> ❷物事についての概括的な意味内容。

本を読んだとき、その「本」の単位でノートを作成すると、そこに書いたノートはその本にしか紐付きません。このような単位でノートを作成するのは簡単ですが、同じ概念が複数の本に出てきても、それがつながっていかないのです。

そこで、概念の単位でノートを作成します。自分が思ったことを自分の言葉で書くことで、あとから自由に自分のアイデアを追加できます。同じトピックに関する本を2冊読んだとき、「概念」の単位でノートを作成しておくと、それらのメモをリンクして紐付けられます。そして、それに関連する本の情報ともリンクさせておくのです。

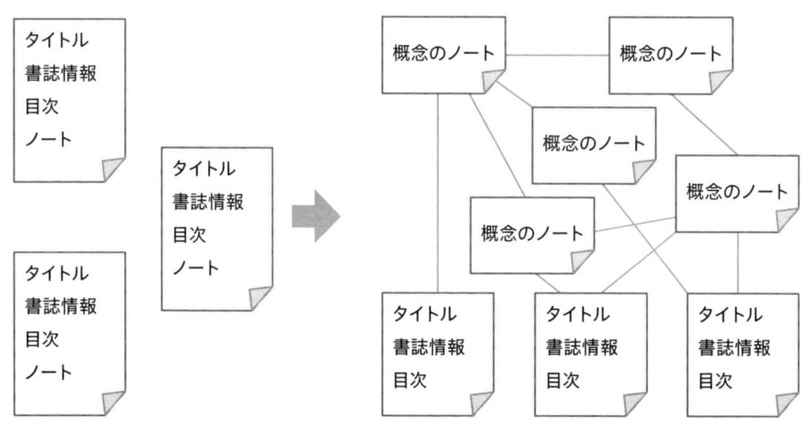

図5-1：概念の単位でノートを作成する

つまり、書籍の情報としてタイトルや書誌情報、目次などの事実をまとめておくノートとは別に、自分の意見や感情、概念などをまとめたノートを作成し、それをリンクでつなげていきます。

このとき、階層的にまとめるのではなく、リンクによって関連するものをつなげていくことがポイントです。これはObsidianが向いています。

ここで、本書の第2章ではデイリーノートについて書いた、次の文を振り返ってみましょう。

> デイリーノートのメリットは、タイトルを考えずにノートを作れることです。

エバーグリーンノートやZettelkastenの考え方では、タイトルが重要です。もっというと、ノートに書いた内容に対するタイトルが自然に思いつく状態が理想的です。

むしろ、「原子的」「1枚のカードに1つの概念」ということを考えると、自然とタイトルが決まるはずです。もしタイトルをつけるのに悩むノートがあれば、それはノートをさらに細かく分けられることを意味します。

これは、上記の「デイリーノートのメリット」として書いた文章と相反することだといえます。

ここで大切なのは、「デイリーノートに書いた文章を見直して新たなノートとして書き直す」ことです。複数のデイリーノートに書いた内容を組み合わせて新しいノートを作ると考えてもよいでしょう。作ったノートもどんどん書き換えること、これこそがエバーグリーンノートの考え方です。

デイリーノートはあくまでも下書きであり、それを組み合わせて何度も追記・修正できるのがデジタルなノートを使うメリットだといえます。

「LYT」と「MOC」

Nick Milo氏によって提唱されている考え方としてLYT（Linking Your Thinking）やMOC（Map of Content）があります。Zettelkastenは紙のカードを使った考え方ですが、これに近いことをデジタル環境で使う考え方がLYTだといえるでしょう。

LYTは名前のとおり、思考をリンクさせることです。エバーグリーンノートやZettelkastenでもリンクを紹介してきましたが、単純にリンクするだけでなく、「ホームノート」や「MOC」を作る考え方です。

ノートの数が増えると、目的のノートを探すのが大変になります。リンクをたどろうと思っても、どのようにたどると効率がよいのかわかりません。本書ではタグを使って情報を管理する手法の解説をしてきましたが、同じタグを使ったノートが100個、200個と増えてくると、タグで検索しても目的のノートを探せなくなるのです。

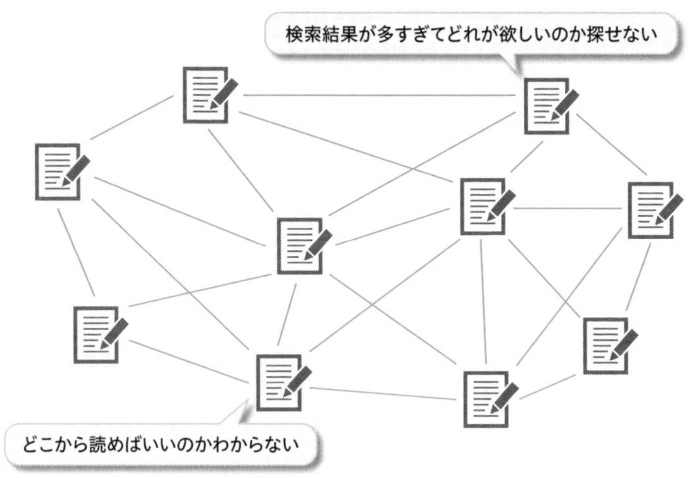

図5-2：リンクしただけのノートの集まり

書籍のように膨大な文章が並んでいるときは、目次が用意されています。目次を見ることで、欲しい情報がどこに書かれているのか想像できて、すぐにたどりつけます。コンピュータを使って検索しなくても、どのノートにどんな情報が書かれているのか、一覧として把握できるのです。

書籍の目次は、その本を開いた最初の方にありますが、デジタルなノートではどこが最初なのかわかりません。そこで、起点となるノートが必要です。これを「ホームノート」といいます。「毎日見るノート」のように起点となるノートのことで、大量のノートがあっても、スタートする場所を決めておくのです。

このようなホームノートがあれば、そこを起点にできます。そして、書籍でいう「目次」に近いものを作るのがMOCです。Webでの「リンク集」や「まとめサイト」をイメージしても良いかもしれません。

MOCがあることで、蜘蛛の巣を木構造のように捉えられます。ここで大切なのは、目次のようなものを作っても階層構造で管理するわけではないことです。書籍の目次であれば、「第1章、第2章…」と並んでいて、その中に「第1節、第2節…」と階層的に並んでいますが、MOCで作るものはただのリンクです。

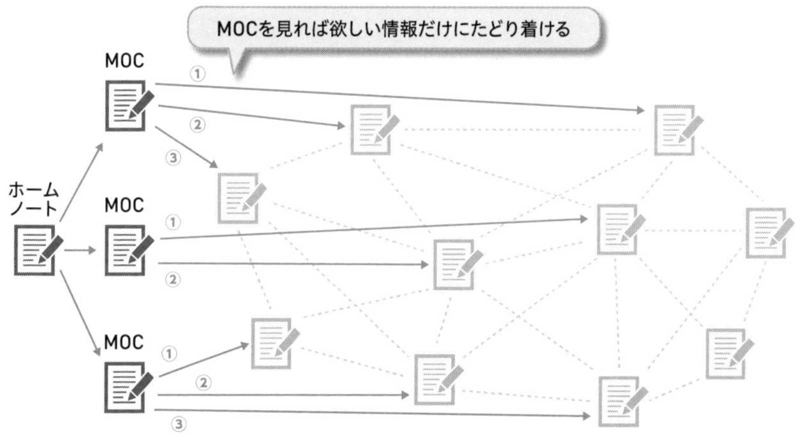

図5-3：ホームノートとMOCを追加したノート

MOCはあくまでも1つのノートからのリンクの集まりであり、目的のノートにたどり着くための「信頼性の高い地図」だと言えます。

Obsidianでは、このMOCを作るのに役立つ機能があります。それが「検索」の機能で、検索結果の件数の部分（**図5-4**の「6 result」の部分）を押して表示される「検索結果をコピー」というメニューです。このメニューの「リンクのスタイル」の欄で「ウィキリンク」を選ぶと、検索結果が1つずつ内部リンクになります。さらに、「リストの行頭文字」の欄で「ダッシュ(-)」を選ぶと、検索結果を箇条書きとして表示できます。

図5-4：検索を使用してMOCの箇条書き作成を楽にする

ここでコピーした結果を、新しいノートに貼り付けることで、MOCのようなノートを作成できます。

図5-5：検索結果をコピーして貼り付けると箇条書きのノートを作成できる

これにより、ノートの数が多くなっても、目的のノートを探しやすくなります。

5.2 Obsidianでノート間のつながりを見る

ノート間をつなげることが重要だとわかりましたが、2つのノート間のリンクがわかるだけでは、全体像が見えてきません。このようなときに、ノート間の関係やノート内の階層などを図で表現したいものです。
このようなときにもObsidianでは作成したノートを図で表現するためのさまざまなプラグインが提供されています。これらを使って見た目にも工夫できる手法を解説します。

グラフビューで全体を捉える

第2章で解説したグラフビューを使うと、保管庫内のノート全体のつながりを表現できました。また、グラフビューの「ローカルグラフ」という機能を使うと、保管庫全体ではなく指定したノートからつながっているノートを調べることもできました。

このグラフビューには、ノートに色をつける機能があります。この機能を使えば、特定のタグをつけたノートに色をつける、特定のキーワードを含むノートに色をつける、といったことが可能です。

たとえば、筆者は購入した書籍のノートに、**#書籍/著者/増井敏克**や**#書籍/発売日/2023/08**のような階層型のタグをつけて管理していることを紹介しました。つまり、書籍のノートには**#書籍**というタグがついているため、グラフビューを表示して「グループ」の欄に**tag:#書籍**という項目をセットすると、グラフビューの中で書籍のノートに色をつけることができます。

色をつけるには、グラフビューを開いたときに表示される「フィルタ」「グループ」「表示」などの設定画面[注3]の「グループ」を使います。この「グループ」の「クエリを入力」という入力欄に、検索オプションとしてタグを指定します。

注3 ：この設定画面が表示されない場合は、グラフビュー内にある歯車アイコン（グラフ設定を開く）をクリックしてください。

そして、右側の●を押して色を変更できます。

これによって、**図5-6**のようなグラフビューが表示されます。ここでは、**#書籍**というタグをつけたノートの点を赤で表現するように設定しています。

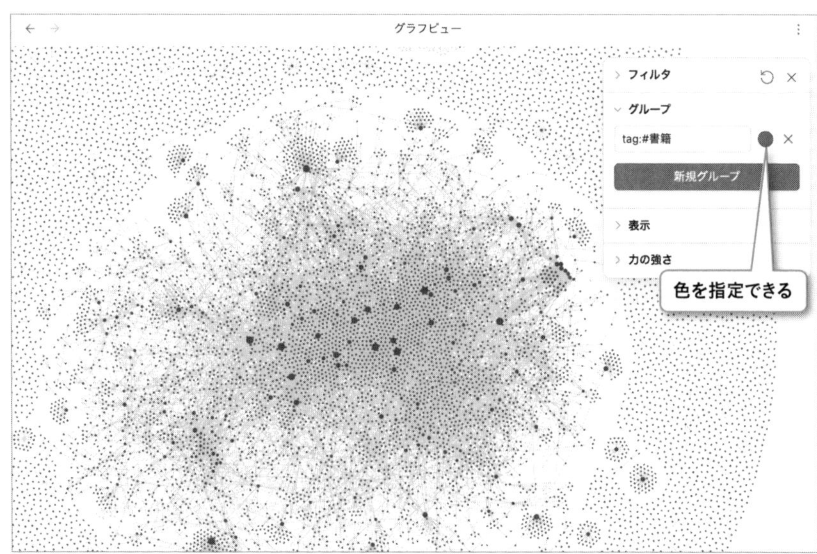

図5-6：グラフビューで色をつける

色をつけることで、どういったタグをつけているノートが多いのか、その占める量を視覚的にイメージできます。グループごとに異なる色を指定できるため、使用している複数のタグに対して、それぞれ異なる色をつけるとよいでしょう。

これを見ることで、自分が作成したノートの「密度」がわかります。興味のある分野についてのノートが多いことがわかるだけでなく、本来記録するべきなのに、それが記録されていないことに気づける可能性もあります。

また、グラフビューを見ると、リンクされていないノートの存在にも気づけます。意図的にリンクしていないのであれば問題ありませんが、そうでなければリンクを忘れた、リンク先のノートを誤って削除してしまった、などの可能性もあります。

Obsidian Canvas でノートをつなげる

グラフビューを使うと、ノート間のつながりは可視化できますが、それぞれのノートは点でしかありません。ノートの中身を見ようと思うと、その点をクリックしてノートを開かなければなりません。

新たにノートを作成しようと思っても、グラフビューからは作成できず、ノートを作成してから目的のノートにリンクする必要があります。

しかし、手書きでノートを作成する場面を考えると、書籍や写真、付箋など複数の資料を机の上に開いて、それらを見比べながら新たなノートを作成することもあります。Obsidianでも複数のウインドウを使ってさまざまなノートを同時に表示することはできますが、紙のノートに他の付箋を貼って、それを線でつなげるような使い方はなかなか難しいのです。

こんなとき、ノートの内容の一部が表示されて、それぞれのノートを俯瞰的に閲覧できると便利です。このようなときに便利な方法としてObsidian 1.1.0から導入された「Obsidian Canvas」というコアプラグインの使用が考えられます。

Obsidian Canvasは無限に広がる「キャンバス」を用意しており、そのキャンバスの中にノートや画像、PDF、Webサイトなどさまざまなものを埋め込んで表示できます。たとえば、図のような表現が可能です。

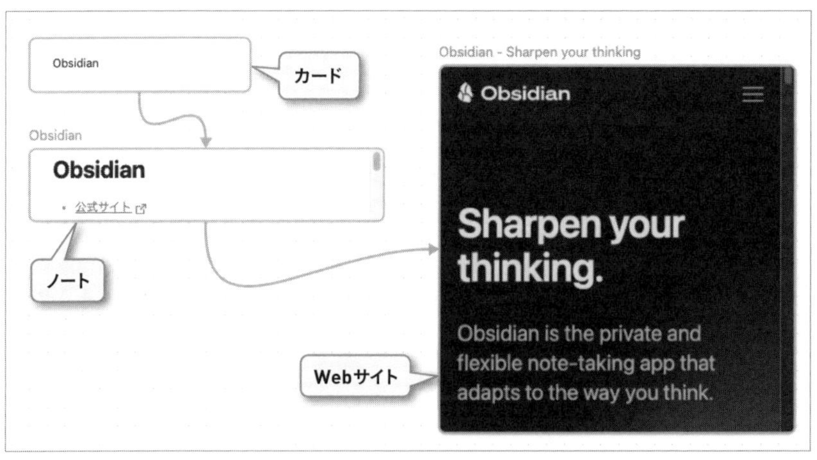

図5-7：キャンバスの使用

この図の左上にあるのは「カード」と呼ばれるもので、保管庫内に個別のファイルはありません。付箋のようなイメージで、キャンバスに貼り付けられるものです。

そして、左の中央にあるのは「Obsidian.md」という保管庫内にあるファイルです。これまでに作成してきたようなノートですが、これもキャンバスに貼り付けられます。

さらに、右にあるのはObsidianの公式サイトです。Webサイトをキャンバスに埋め込んで表示できるだけでなく、スクロールやリンクなども機能しますし、YouTubeなどの動画であればこの中で閲覧することもできます。

このObsidian Canvasを有効にするには、設定画面から「コアプラグイン」の「キャンバス」をオンにします。そして、設定メニューからキャンバスの保存先などを指定できます。

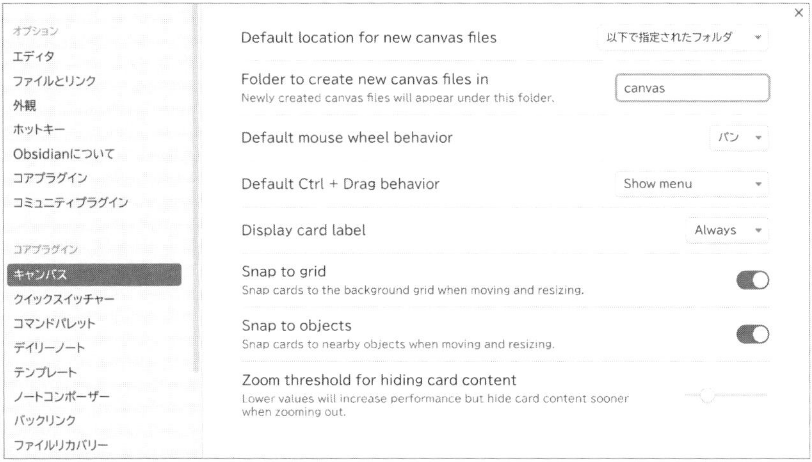

図5-8：Obsidian Canvasの設定

新たにキャンバスを作成するには、サイドバーから「新規キャンバスを作成」のアイコンをクリックする方法もありますし、コマンドパレットから「キャンバス」と入力して「新規キャンバスを作成」を選ぶ方法もあります。

これにより、設定画面で指定した場所に名前のないキャンバスが作成されます。そして、画面下に表示されるアイコンから、「カード」や既存のノート、画像ファイルなどを追加できます。また、右クリックして表示されるメニューから選んでもよいでしょう。

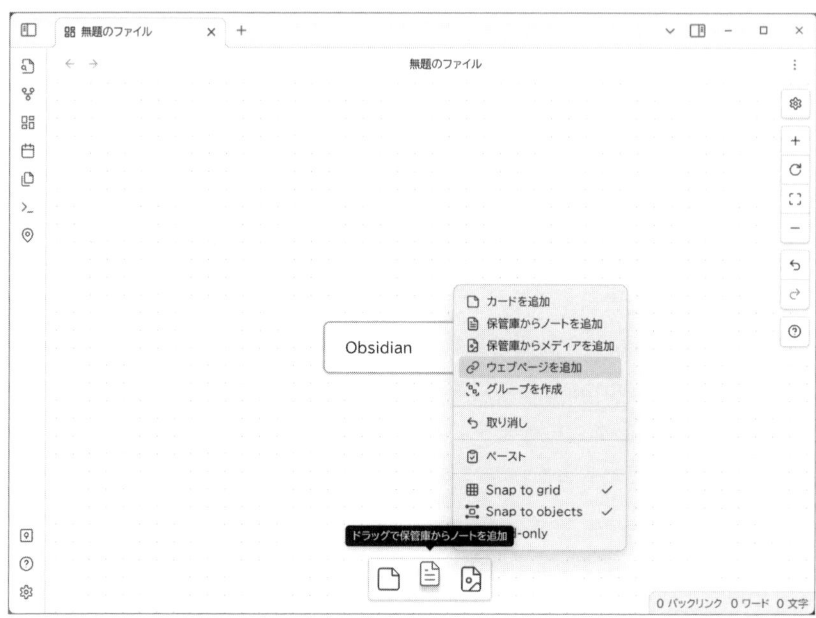

図5-9：キャンバスへの項目の追加

そして、それぞれのアイテムを矢印で連結できます。これは一般的なリンクとは異なり、それぞれのノートの内容は変更しません。あくまでもCanvasの中だけで連結するものです。

また、ズームすることで拡大や縮小ができるだけでなく、ドラッグして移動することもできます。無限にスクロールできるので、多くのノートでも自由自在に並べられます。

このようにして作成したキャンバスもMarkdownであれば統一感がありますが、キャンバスのデータはMarkdownではなく「JSON」というファイル形式で保存されます。JSONもテキスト形式のデータであるため、Gitなどのバージョン管理にも向いています。

マインドマップで思考を広げる

複数のノート間だけでなく、ノート内での構造を考えたいこともあります。Obsidianでは、見出しを6階層用意できますし、箇条書きを並べることもできます。そして、アウトラインビューを使うと、どのような階層構造になっているのかは確認できます。

しかし、文章の構造を考えるときには、マインドマップのように図で表現したいときもあります。このとき、「Mind Map」[注4]というコミュニティプラグインを導入しておくと、見出しや箇条書きからマインドマップを表示できます。

次のようなノートを開いた状態で、「Ctrl + P（Command + P）」を押してコマンドパレットを起動し、「Mind Map」と入力して検索結果から選びます。

```
# リンゴ

## 赤い

- 警告
- 郵便ポスト
- 消防車

## 果物

- ぶどう
- 桃
- バナナ

## 青森

- 東北
- ねぶた

## Apple

- iPhone
- Mac
```

注4　：https://github.com/lynchjames/obsidian-mind-map

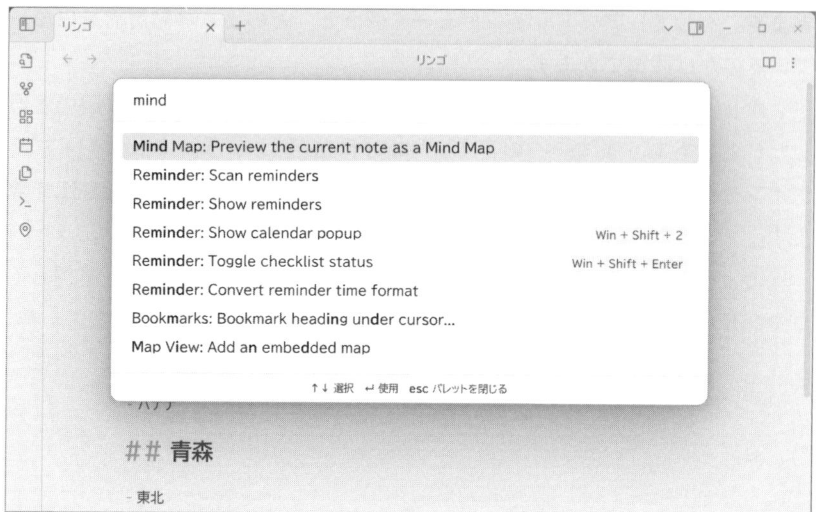

図5-10：マインドマップの作成

すると、**図5-11**のようなマインドマップが表示されます。このように、見出しや箇条書きで並べるだけでマインドマップを表示できるのは便利です。

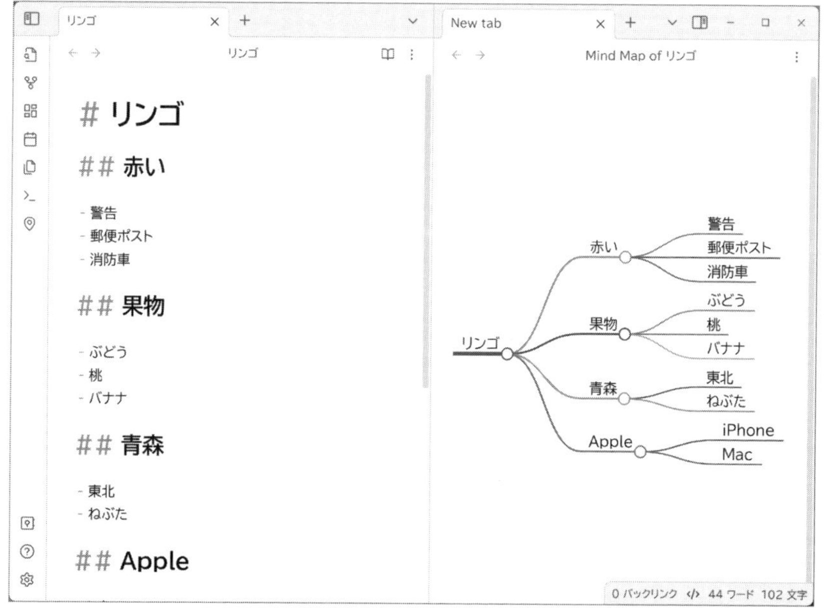

図5-11：マインドマップの例

5.3 視点を変えて、つながったデータを可視化する

ノート間の関係や、ノート内の階層を表示するだけでなく、少し違った視点からノートを使うことを考えます。ノートにデータを記述しておくと、それを使った分析にも使えます。
たとえば、地図やグラフなどと組み合わせて使うことで、作成したノート間の関係を新たな視点から確認できます。

地図上にデータを表示する

訪問した場所を管理したいとき、それを言葉として記録するだけでなく、地図に表現できると便利です。このようなときに使えるのが第3章でも紹介した「Map View」[注5]というコミュニティプラグインです。

このプラグインを使うと、ノート内に記述した緯度と経度のデータをもとに、その位置を地図上に表現できます。そして、地図の移動やズームなどが自由にできます。

ノートの位置情報を指定するには、次のようにフロントマター部分で記述します。

```
---
location: [35.65858, 139.74544]
---
# 東京タワー
```

この緯度と経度は、Googleマップで右クリックすると取得できます。たとえば、東京タワーの場合は、Googleマップで東京タワーの位置を表示し、右クリックすると、**図5-12**のように表示されます。この一番上にある緯度

注5　：https://github.com/esm7/obsidian-map-view

と経度の値をクリックするとコピーできます。

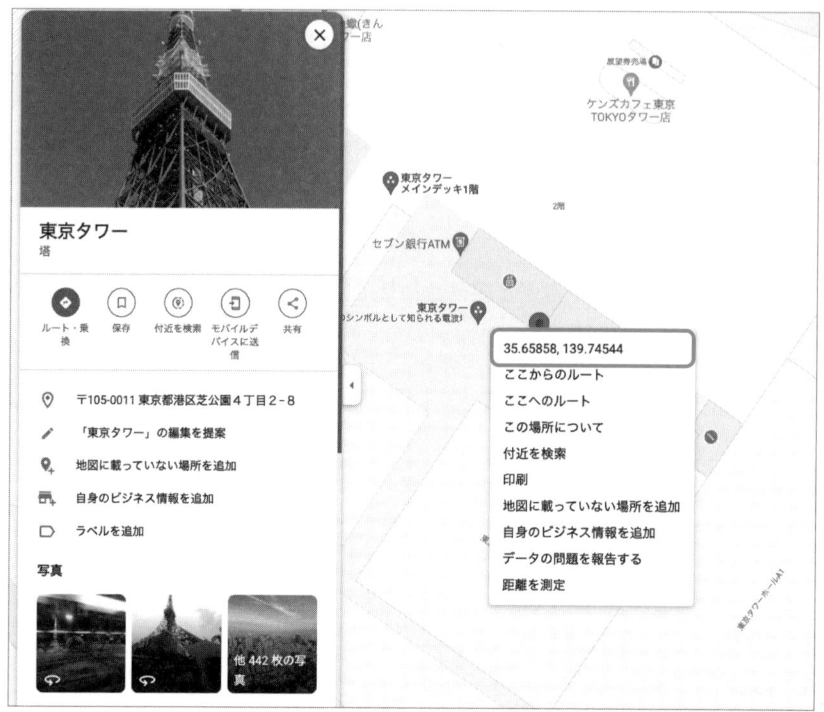

図5-12：Googleマップからの位置情報のコピー

コピーした緯度と経度の値を、Obsidianで作成したノートにおいて**location:**の後ろに括弧で囲ってペーストするだけです。このようにしてノートを作成した状態で、ノートの右上にある「…」から「Show on map」を押すと、地図上に表示できます[注6]。

注6　：なお、ここでは標準設定で使用できる「OpenStreetMap」を使用しています。Googleマップを使用するように設定することもできますが、こちらはAPIキーが必要で、1ヶ月あたりの無料利用可能回数に制限があります。

図5-13：Map Viewでの表示

ここでは指定したノートの位置情報を地図に表示していますが、サイドバーにある「Map View」のアイコンを押すことで保管庫内にあるノートから**location:**を指定したものをすべて表示することも可能です。

そして、このMap Viewプラグインを使うと、写真の管理も便利です。最近のスマホで撮影した写真には、EXIFの中に位置情報を記録できます。このため、記録した位置情報を使用して、地図上に撮影場所を表示できる写真管理ソフトが多くあります。

これと似たようなことをObsidianで実現するには、フロントマターにその位置情報を記載し、本文に写真を埋め込んだノートを作成します。具体的には、次のようにフロントマターで位置情報を、本文には写真のファイル名を記載します。保管庫の中に画像を保存する方法もありますが、Gyazo[注7]などのクラウド型の画像共有サイトを使ってもよいでしょう。

```
---
location: [35.699783305556, 139.51310727778]
---
```

注7　：https://gyazo.com/

```
[![20150310083345]( https://gyazo.com/cb6df528644c01b976a71c5a7a44dad8.
jpg)](https://gyazo.com/cb6df528644c01b976a71c5a7a44dad8)
```

図5-14：写真の埋め込みと位置情報

このようにして作成したノートにタグを設定しておくと、そのタグに合わせたアイコンや色を設定できます。このため、カフェや飲食店、病院など、業種ごとに次のようなタグを指定しておき、設定画面からタグに対応するアイコンを設定しておくと便利でしょう。

なお、アイコンにはFont Awesome[注8]が用意しているものが使えます。

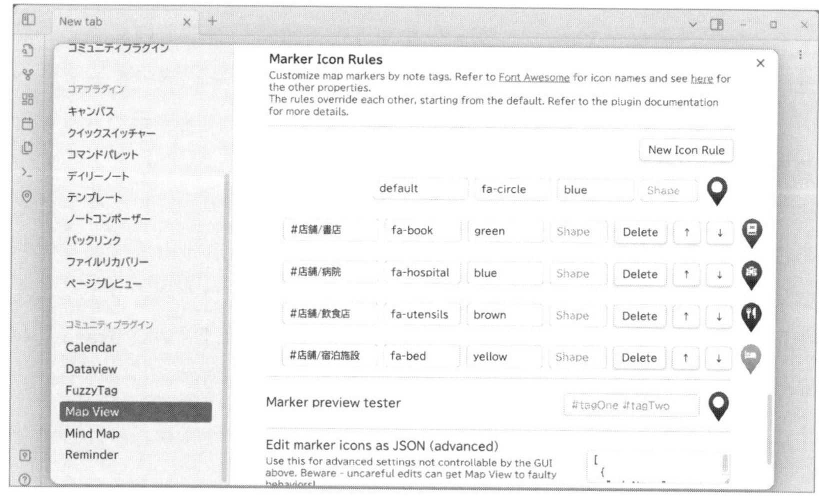

図5-15：Map Viewでのアイコン設定

注8　：https://fontawesome.com/

データからグラフを作成する

ノートを作成するとき、表を作るだけでなく棒グラフや折れ線グラフ、円グラフなどを使えると見た目にわかりやすくなります。こういったグラフをMarkdownの表から作成できるのが「Obsidian Charts」[注9]というコミュニティプラグインです。

第4章で紹介した、標準で用意されているMermaid記法でも円グラフなどを描けますが、Obsidian Chartsプラグインでは、表からグラフを自動的に生成できます。たとえば、次のような表を用意し、ブロックに名前をつけておくと、この表をそのままグラフとして表示できます。

```
|      | 男性 | 女性 |
| ---- | ---- | ---- |
| A型  | 37   | 22   |
| B型  | 28   | 15   |
| O型  | 19   | 9    |
| AB型 | 8    | 5    |
^table
```

次のように**id**として上記の表のブロック名を指定し、**type**に**bar**を指定すると棒グラフになります。**layout**に**rows**を指定すると行単位、**cols**を指定すると列単位で描かれます。

````
```chart
type: bar
id: table
layout: rows
beginAtZero: true
```
````

注9　：https://charts.phibr0.de/

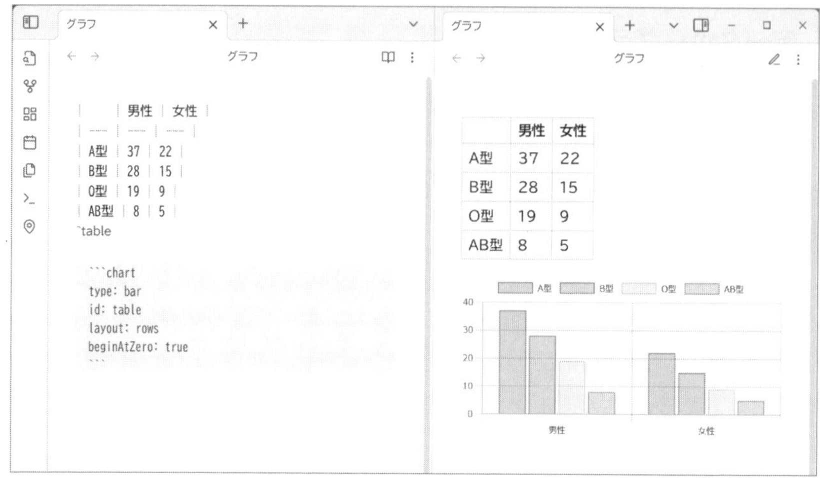

	男性	女性
A型	37	22
B型	28	15
O型	19	9
AB型	8	5

図5-16：Obsidian Chartsでの棒グラフ

折れ線グラフを作成したい場合は、**type**に**line**を指定し、**beginAtZero**を**false**にするとよいでしょう。たとえば、次の表のような時系列データを用意し、折れ線グラフを作成すると、**図5-17**のようになります。

```
# サービス産業動向調査(飲食店)

| 年     | 1月      | 2月       |           | 12月      |
|------ |-------- |---------|           |---------|
| 2016  | 2096338 | 1925709 |           | 2447513 |
| 2017  | 2106516 | 1918633 |           | 2459263 |
| 2018  | 2073486 | 1912357 |           | 2469362 |
| 2019  | 2048435 | 1926478 | ～中略～  | 2433211 |
| 2020  | 2063498 | 1875552 |           | 1763876 |
| 2021  | 1201223 | 1169833 |           | 1787581 |
| 2022  | 1263444 | 964244  |           | 1830900 |
^service

```chart
type: line
id: service
layout: rows
beginAtZero: false
```
```

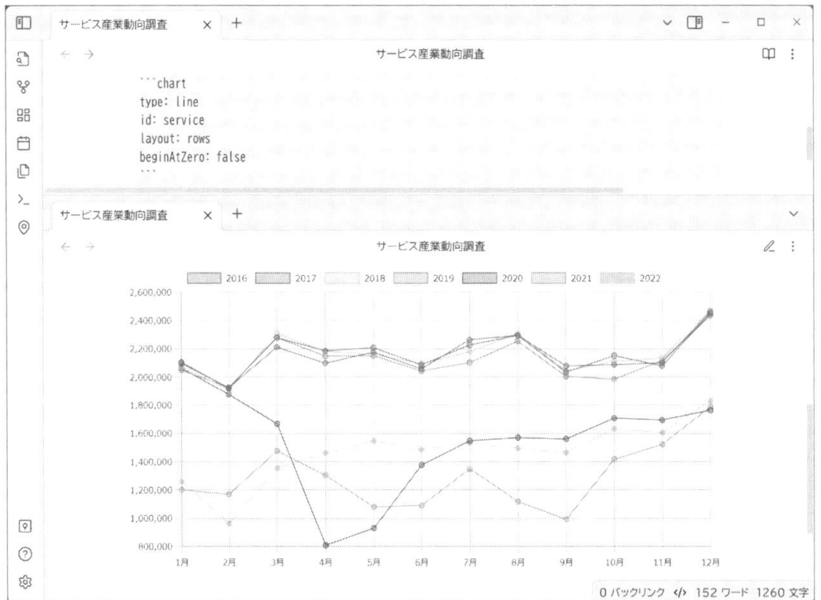

図5-17：Obsidian Chartsでの折れ線グラフ

単純にObsidian Chartsプラグインを使うだけでは、1つのノート内にあるデータでグラフを描くだけですが、第6章で紹介するDataviewプラグインを使うと、複数のノートからデータを集計してさまざまなグラフを描くこともできます。この方法については、第6章で解説します。

時系列で変化を捉える

Dataviewプラグインを使わなくても、デイリーノートなどで毎日記録したデータでグラフを手軽に描きたいこともあります。たとえば、体重や体脂肪率などのデータを毎日記録し、その変化をグラフにしたい場合です。

筆者は、デイリーノートのフロントマターで次のように体重と体脂肪率を記録しています。

```
---
weight: 80.0
body_fat: 20.0
---
```

```
# 2023-08-01
```

これは2023年8月1日の記録で、体重が80kg、体脂肪率が20%であることを意味しています。

このように、毎日記録しておいたものは時系列のデータだと考えられます。このように複数のデイリーノートなどに記録した時系列データを折れ線グラフとして描けるコミュニティプラグインとして「Tracker」[注10]があります。Trackerプラグインをインストールし、有効にしたうえで、次のように記述します。

````
```tracker
searchType: frontmatter
searchTarget: weight
startDate: 2022-01-01
line:
    title: 体重
    yAxisLabel: kg
    fillGap: true
    xAxisTickLabelFormat: MM-DD
```
````

1行目の**searchType**はデータがどこに記録されているかを指定するものです。**frontmatter**を指定すると、ノートのフロントマターに記録されているデータを探します。

本文中にタグとして記録している場合は**tag**を、第6章で紹介するDataviewプラグインで使う「インラインフィールド」と呼ばれる形式で記録している場合は**dvField**を指定します。本文に書かれているテキストから正規表現で抽出することもできますので、マニュアルを参照してください。

2行目の**searchTarget**はデータの名前です。ここでは、デイリーノートで**weight**と名前をつけた体重のデータを指定しています。

そして、3行目の**startDate**で開始日を指定し、4行目以降の**line**には折れ線グラフの軸などを指定します。これにより、毎日のように記録したデータを読み込んで、**図5-18**のようなグラフが描かれます。

注10： https://github.com/pyrochlore/obsidian-tracker

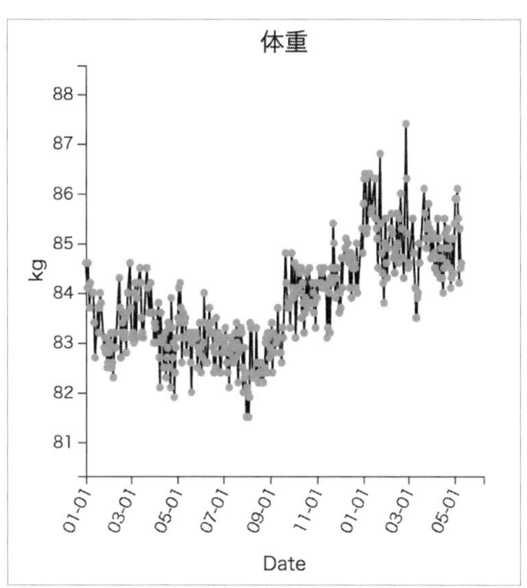

図5-18：Trackerでのグラフ

上記のように値を記録する以外にも、タグが登場したデイリーノートの日付をカレンダー形式で表示することもできます。たとえば、次のように書くと、**#外食**というタグがいつのデイリーノートの本文中に登場したのかを把握できます。

ここで、**month:**という指定は、月間のカレンダーを表示して、タグを記入した日付に印をつけるものです。

````
```tracker
searchType: tag
searchTarget: 外食
datasetName: 外食した日
month:
```
````

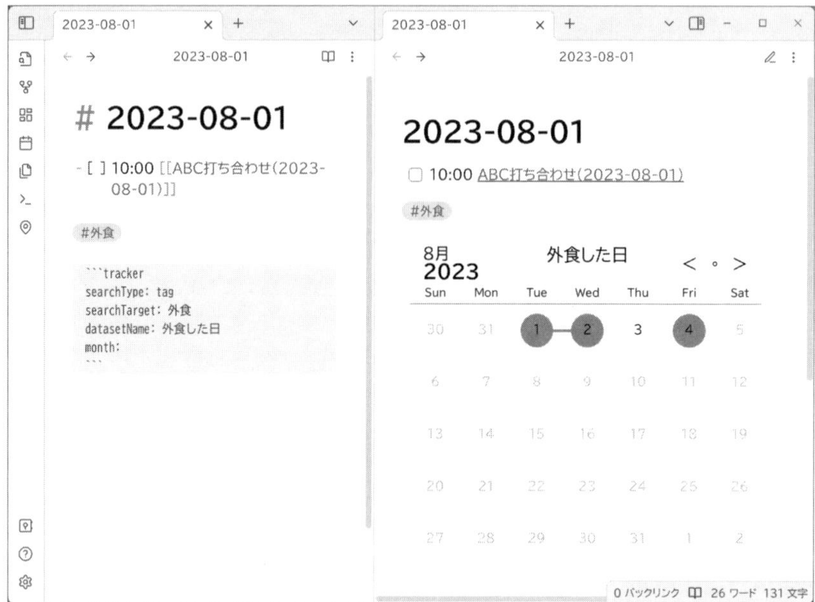

図5-19：Trackerでの月間表示

他にも、「Heatmap Calendar」[注11]というコミュニティプラグインを使うと、**図5-20**のようなGitHub風の表現もできます。

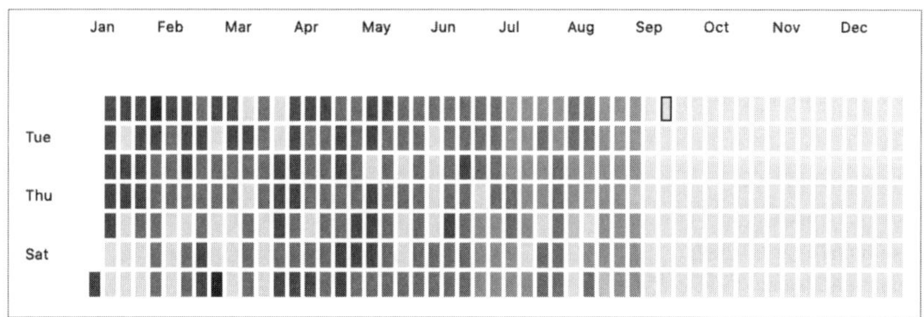

図5-20：Heatmap Calendar

注11：https://github.com/Richardsl/heatmap-calendar-obsidian

第6章

データベースで細かな情報まで自在に管理しよう

6.1 データベースとしてノートをつなげる

Obsidian は Markdown で記録するノートですが、データベースとしても使えます。データベースを構築するには専用のソフトが必要だと感じるかもしれませんが、Obsidian でノートを作成するときに少し工夫しておくと、それを抽出できます。
さまざまな情報を Obsidian で一元管理するとより便利に使えるため、具体的にどんなことができるのかと合わせて、データベースとしての使い方を紹介します。

検索結果を一覧で表示する

Obsidianで作成したノートから検索し、その結果をノートに埋め込むことは、標準機能である「query」によって実現できました。第4章で解説した内容を再掲すると、次のような感じです。

````
```query
tag:書籍/著者/増井敏克
```
````

````
```query
task-todo:""
```
````

ただし、ここで指定できるものは、検索機能が備えているものと同じでした。正規表現を使った高度な検索もできますが、その結果の表示は箇条書きしかできませんし、ノートの中に記述した数値データを使って集計することもできません。

ここで登場するのがObsidianの「Dataview」[注1]というコミュニティプラグインです。このプラグインを導入すると、Obsidianで作成したノートに対してSQL[注2]のような構文で処理できるため、データベースのように扱えます。具体的には、複雑な条件での検索や、検索結果の並べ替え、箇条書きや表の作成などが可能です。さらに、JavaScriptというプログラミング言語を使ったプログラムを作成することでさまざまな計算が可能です。

Dataviewを使うには、コミュニティプラグインから「Dataview」を検索してインストールし、有効にします。

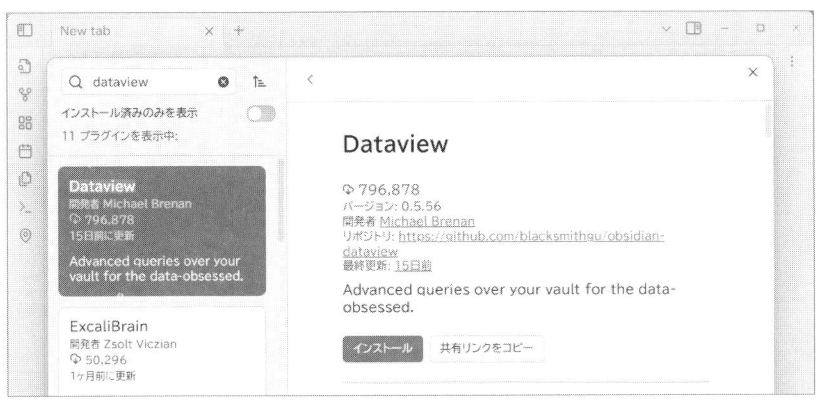

図6-1：Dataviewプラグインのインストール

インストールが完了したら、日付などの設定を変更しておきましょう。設定画面からコミュニティプラグインのDataviewを開き、「Date Format」と「Date + Time Format」を以下の表のように設定しておきます（大文字と小文字を間違えないように指定してください）。これにより、日付は「2023-08-01」のように「年-月-日」の形で表示されます。

項目	設定値
Date Format	yyyy-MM-dd
Date + Time Format	yyyy-MM-dd HH:mm:ss

注1　：https://blacksmithgu.github.io/obsidian-dataview/

注2　：リレーショナルデータベースを操作する言語。

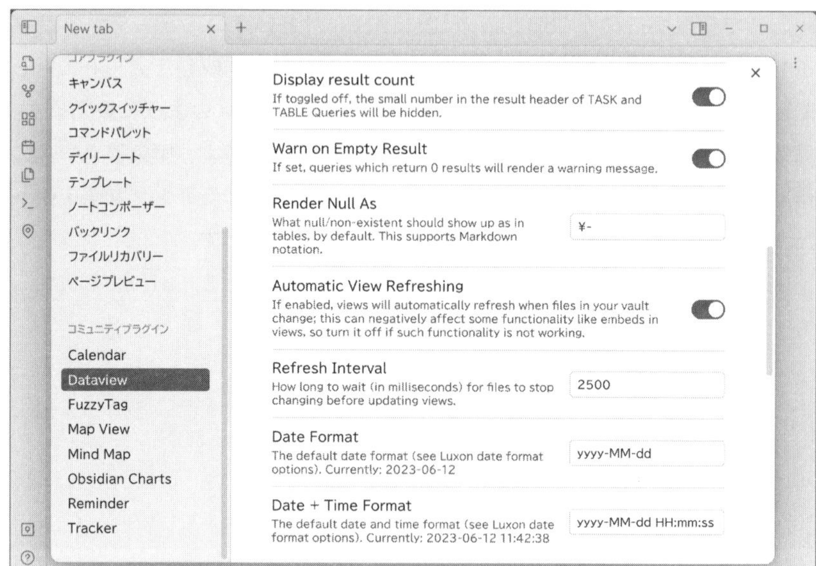

図6-2：Dataviewプラグインの設定

設定が完了すると、上記の「query」で指定したように、ノート内に条件を記述することで、さまざまな検索が可能になります。このDataviewではDQL（Dataview Query Language）というSQL風の構文を使います。

たとえば、次のように書くと **#keyword** というタグをつけたノートの一覧がリンクとなって箇条書きで表示されます。

````
```dataview
LIST FROM #keyword
```
````

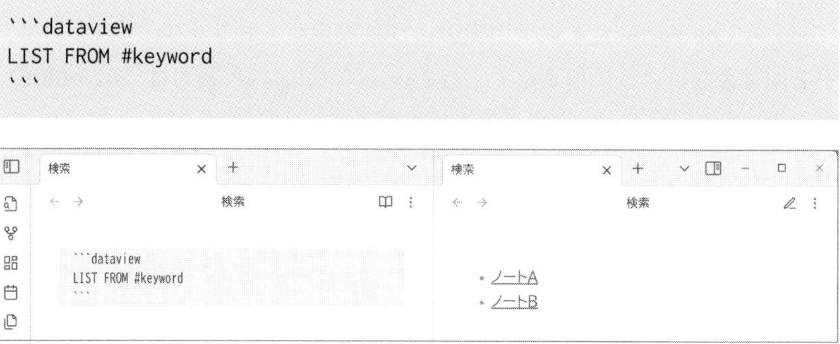

図6-3：Dataviewでのタグでの検索

これはノートの一覧を箇条書きで表示するものでしたが、ToDoのようなタスクの一覧を表示したいこともあります。Obsidian標準の「query」機能では、未完了のタスク、完了済みのタスクをすべてのノートから抽出できました。Dataviewを使うと、特定のタグをつけたノートに書かれているタスクだけを抽出することもできます。

たとえば、**#keyword**というタグをつけたノートに書いたタスクの一覧を表示したい場合は、次のように記述します。

````
```dataview
TASK FROM #keyword
```
````

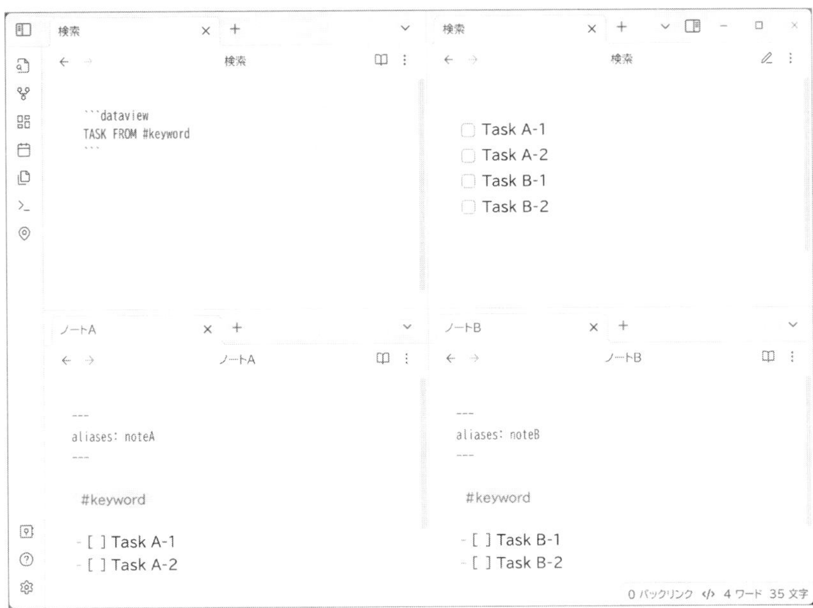

図6-4：Dataviewでのタスクの検索

さらに、箇条書きだけでなく、その他の情報と合わせて表示したいこともあります。具体的には、ファイルの作成日や、最終更新日時などもわかると便利です。このようなとき、Dataviewで次のように書くと、**#keyword**というタグをつけたノートの一覧を表形式で表示できます。

````
```dataview
TABLE file.cday, file.mtime FROM #keyword
```
````

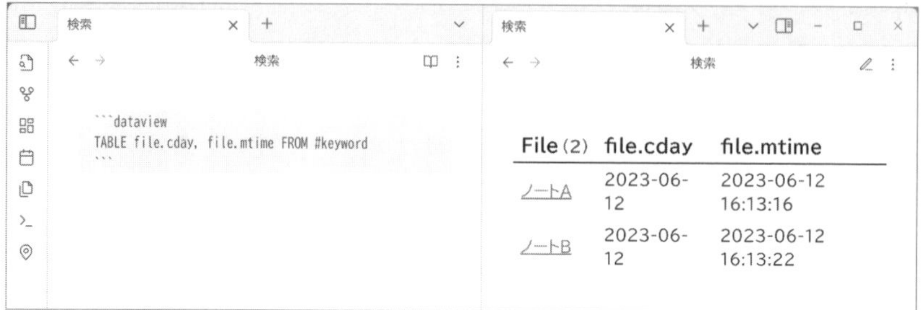

図6-5：Dataviewでの表形式での出力

なお、ここで指定した**cday**や**mtime**の他にも、次のように多くの項目を取得できます。

- name：タイトル(拡張子なし)
- path：ファイル名(拡張子付き)
- folder：フォルダ名
- cday：作成日
- ctime：作成日時
- mday：最終更新日
- mtime：最終更新日時
- day：タイトルに含まれる日付(日付が含まれるときのみ)
- tags：タグ
- aliases：エイリアス
- size：ファイルサイズ

FROMに続けて指定できるのはタグだけではありません。フォルダ名を指定すると、そのフォルダにあるファイルから抽出することもできますし、特定のノートのタイトルを指定することもできます。

たとえば、「daily」というフォルダに格納しているノートの一覧を箇条書きで表示したい場合は、次のように指定します。

```
```dataview
TABLE file.cday, file.mtime FROM "daily"
```
```

特定のファイルに含まれるタスクの一覧を表示したい場合は、次のように指定します。つまり、ファイル名を指定するとそのファイルから、フォルダ名を指定するとそのフォルダから取得できます。

```
```dataview
TASK FROM "2023-08-01"
```
```

また、リンクを指定すると、そのファイルにリンクしているファイルや、そのファイルからリンクされているファイルの一覧を作成することもできます。「Obsidian」というファイルにリンクしているファイルにあるタスクの一覧を表示したい場合は、次のように指定します。

```
```dataview
TABLE file.cday, file.mtime FROM [[Obsidian]]
```
```

逆に、「Obsidian」というファイルからリンクされているファイルの一覧を表にした場合は、次のように指定します。

```
```dataview
TABLE file.cday, file.mtime FROM outgoing([[Obsidian]])
```
```

データを並べ替える

ここまで解説したような一覧を単に表示するだけであれば、標準の「query」機能でも十分ですが、より高度な操作ができることがDataviewの特徴です。たとえば、データベースでは並べ替え(ソート)をよく使います。

タイトルに含まれる日付で並べ替えたい、ファイルを作成した日付で並べ替えたい、といった場合は**SORT**という指定を使います。

```
```dataview
LIST FROM #keyword SORT file.day
```
```

降順にしたいときは、最後に**DESC**を追加します。

```
```dataview
TABLE file.day FROM #keyword SORT file.day DESC
```
```

表示する件数を絞り込みたいときは、SQLと同様に**LIMIT**句を指定することもできます。たとえば次のように指定すると、**#仕事/打ち合わせ**のタグがついたノートのタイトルに含まれる日付で降順に並べ替えて、上位10件のファイル名と日付を表形式で表示できます。

```
```dataview
TABLE file.day
FROM #仕事/打ち合わせ
SORT file.day DESC
LIMIT 10
```
```

さらに、日付を扱えることを活かして、それをカレンダー形式でも表示したいものです。このようなときに使えるのが**CALENDAR**という指定です。たとえば、次のように指定すると、作成日ごとのファイル数をカレンダー形式の中に点で表現できます。

```
```dataview
CALENDAR file.ctime
```
```

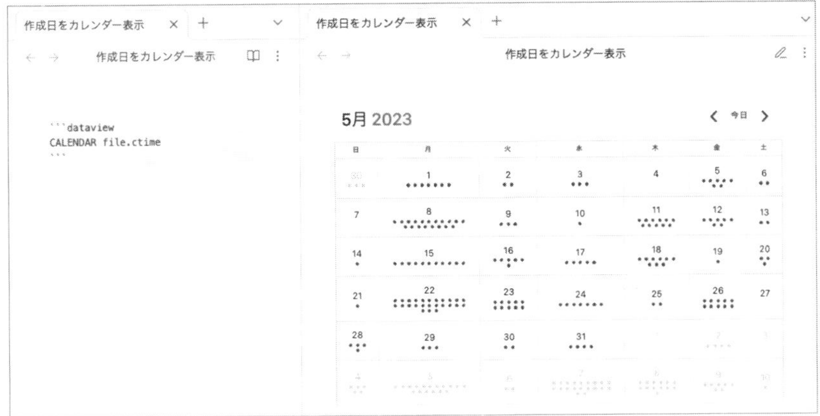

図6-6：カレンダーでの表示

そして、それぞれの点にマウスカーソルを合わせることで、該当のノートをポップアップで表示できます。

Markdownでデータベースを作成するコツ

データを一覧で表示したり、並べ替えたりするだけであれば、このようなプラグインを使わなくても、Obsidianの標準機能で検索や並べ替えのボタンを使えばよいと考えるかもしれません。

しかし、Obsidianを使うと、作成したノートをデータベースとして使うことができます。Notionというアプリが人気になっているように、ノートなどの文書を作成するだけでなく、データベースとしてさまざまな操作ができると幅が広がるのです。

ここで問題になるのは、「どうやってデータベースを作成するのか」ということです。NotionのようなWebアプリであれば、サーバー側にデータベースを用意することができますが、Obsidianはパソコンやスマホにデータを保存するため、専用のデータベースソフトを導入するのは面倒です。

ObsidianのDataviewでは、データベースとして扱うデータもMarkdownでノート内に記述します。ただし、単純なテキストデータとして作成すると、どこまでがどの項目についての記述なのかわからないため、データを定義するための専用の記法が用意されています。

このとき、「フロントマターで記述する方法」と「本文中で記述する方法」があります。

フロントマターで記述する

第2章ではフロントマターの記述方法を解説し、第3章で具体的なデータの例を挙げました。これはYAML形式でデータを記述する方法で、Obsidianでは標準でタグやエイリアスを記述できることを紹介しましたが、**tags**や**aliases**以外にも自由に項目を記述できます。

たとえば、第5章では、体重や体脂肪率といったデータを使って、「Tracker」というコミュニティプラグインでグラフを作成しました。このときは、デイリーノートのフロントマター部分に体重や体脂肪率の値を記録しました。

具体的には、次のようにコロンでつなげて、データを定義しました。ここでは、**weight**という名前で**80.0**を、**body_fat**という名前で**20.0**という値を定義しています。

```
---
weight: 80.0
body_fat: 20.0
---

# 2023-08-01
```

このように書くと、Trackerプラグインで使用できるだけでなく、Dataviewでも**weight**や**body_fat**という名前で、その値を読み出すことができます。

本文中で記述する

フロントマターで記述する方法はデータの定義として分かりやすい一方で、そのノートのコンテンツとして本文中に書きたい場合には使えません。このように、本文中でデータを記述したい場合もあります。このときは**key::value**のようにコロン2つでキー(key)と値(value)を記述します。これを「インラインフィールド」といいます。

```
weight::80.0
body_fat::20.0
```

このように記述すると、フロントマターで定義したものと同じ意味になります。なお、次のように全体を1重の角括弧で囲むと、背景色がつけられるなどキーと値の対応が見た目にも少しわかりやすくなります。

```
[weight::80.0]
[body_fat::20.0]
```

図6-7：インラインフィールドの表示

なお、キーの名前は英語ではなく、日本語で定義しても問題ありません。たとえば、第4章で書籍の情報をノートに記録するとき、発売日やページ数、価格を次のようにデータとして定義しました。

```
- [発売日::2019-05-13]
- [ページ数::296]
- [価格::1980]
```

せっかくデータを定義しても、それを使わなければ宝の持ち腐れになってしまいます。上記では書籍のデータを紹介しましたが、このノートに**#書籍**というタグをつけておきます。

そして、この数値を読み出してみましょう。たとえば、**#書籍**というタグが付いたノートについて、発売日、ページ数、価格をまとめた表を作成するには、次のように書きます。

```
```dataview
TABLE 発売日, ページ数, 価格
FROM #書籍
```
```

もちろん、発売日やページ数などで並べ替えることもできます。

````
```dataview
TABLE 発売日, ページ数, 価格
FROM #書籍
SORT 発売日 DESC
```
````

そして、日付や数値のデータを定義すると、これに対する計算が可能になります。たとえば、足し算「+」、引き算「-」、掛け算「*」、割り算「/」を使えます。これを使うと、次のように日付間の日数を計算することもできますし、ページあたりの単価を計算することもできます。

```
TABLE 発売日, date(2023-08-01) - 発売日, 価格 / ページ数
FROM #書籍/著者/増井敏克
```

本文中に埋め込める「インラインクエリ」の機能もあります。Dataviewの標準的な設定では、バッククォートで挟んだ部分の先頭に「=」を書くとインラインクエリになります。

インランクエリでは計算やさまざまな関数が使えます。たとえば、次のようにバッククォートに続けて「=」を書き、そのあとに計算式を書くと、計算した結果が本文に埋め込まれて表示されます。

```
足し算をしたいときは 3 + 4 = `= 3 + 4`のように書きます。
引き算をしたいときは 3 - 4 = `= 3 - 4`のように書きます。
```

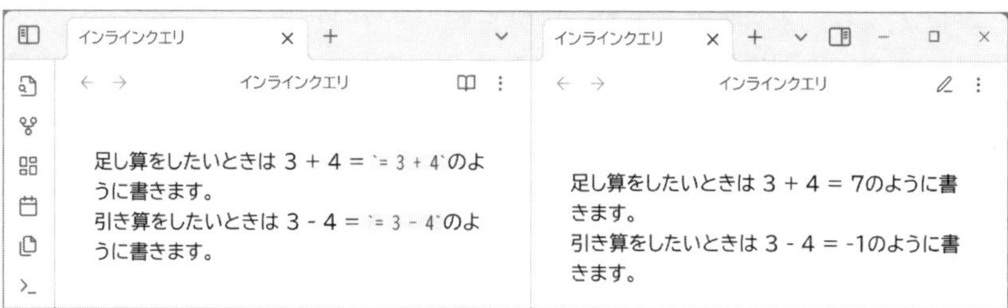

図6-8：インラインクエリの結果

計算式の代わりに関数を使うと、小数を整数に四捨五入したり、小文字を大文字に、大文字を小文字に変換したりできます。

```
2.5を四捨五入すると`= round(2.5)`で、
2.4を四捨五入すると`= round(2.4)`です。
httpを大文字にすると`= upper("http")`で、
HTTPを小文字にすると`= lower("HTTP")`です。
```

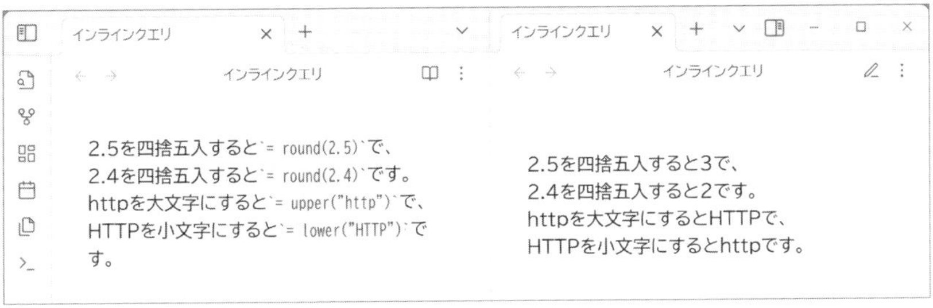

図6-9：インラインクエリでの関数

条件を指定して抽出する

条件を指定して絞り込むには**WHERE**を使います。たとえば、**#仕事**のタグがついたノートから、ノートを作成した日が直前の7日間のものを降順に並べ替えて、ファイル名と作成日を表形式で表示するには、次のように指定します。

````
```dataview
TABLE file.cday AS "作成日"
FROM #仕事
WHERE date(today) - file.cday <= dur(7days)
SORT file.cday DESC
```
````

また、ページ数という項目で定義されている値が700以上のノート（700ページ以上の本）を降順に並べ替えて、ファイル名とエイリアス、発売日を表形式で表示するには次のように書きます。

```
```dataview
TABLE file.aliases, ページ数
FROM #書籍
WHERE ページ数 >= 700
```
```

~~~~
SORT ページ数 DESC
```
~~~~

データを集計する

ページ内に記述した値を一覧にするだけでなく、集計できると便利です。たとえばデータの個数を求めてみましょう。現在開いているノートに含まれるタスクの数を知りたいときは、次のようにインラインクエリを書くとタスクの数を出力できます。

~~~~
`= length(this.file.tasks)`
~~~~

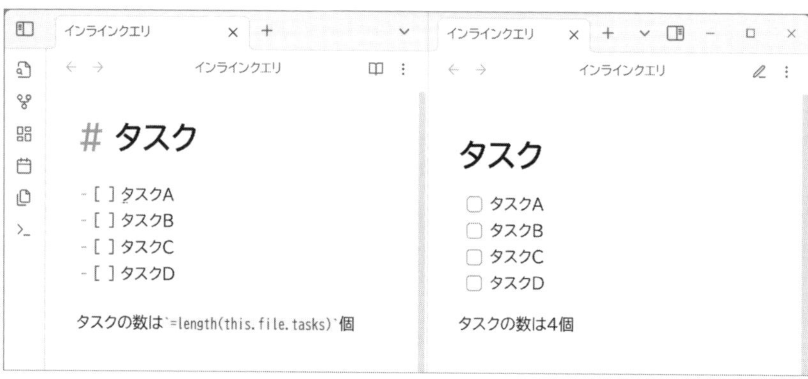

図6-10：インラインクエリでカウントする

クエリで使う**LIST**、**TASK**、**TABLE**、**CALENDAR**や**FROM**、**SORT**などは大文字・小文字のどちらでも問題ありませんが、関数の名前は小文字で書かないとエラーになります。

その他、多くの関数が用意されているため、詳しくはDataviewの公式サイトをご覧ください。

6.2 データベースとして活用する

Dataview プラグインでできることは、上記のような独自の文法でクエリを記述して処理するだけでありません。JavaScript というプログラミング言語を使って、さまざまな高度な処理を実現できます。
JavaScript は Web アプリの開発などにも使われている汎用的なプログラミング言語であり、高度なことも可能ですが、ここでは Obsidian のノートをデータベースとして扱い、さまざまな集計をするときの基本的な使い方について解説します。

Dataview で JavaScript を実行する

私たちが一般的なアプリを使うとき、多くのアプリの裏側にはデータベースがあります。しかし、私たちはデータベースを直接操作することはなく、私たちの入力をアプリが自動的にデータベースを操作する言語に変換して処理しています。

つまり、ちょっと便利なアプリを作りたい場合は、データベースを操作するだけでなく、プログラミング言語を使って必要な機能を実現することが求められます。

そして、Obsidianのプラグインを使うと、このようなちょっとしたアプリの開発も可能になるのです。

DataviewでJavaScriptを使うには、設定画面で有効にする必要があります。設定メニューからコミュニティプラグインの「Dataview」を開き、この設定画面で「Enable JavaScript Queries」のオプションをオンにします。インラインでのJavaScriptのクエリも有効にしたい場合は、「Enable Inline JavaScript Queries」についてもオンにしておくとよいでしょう。

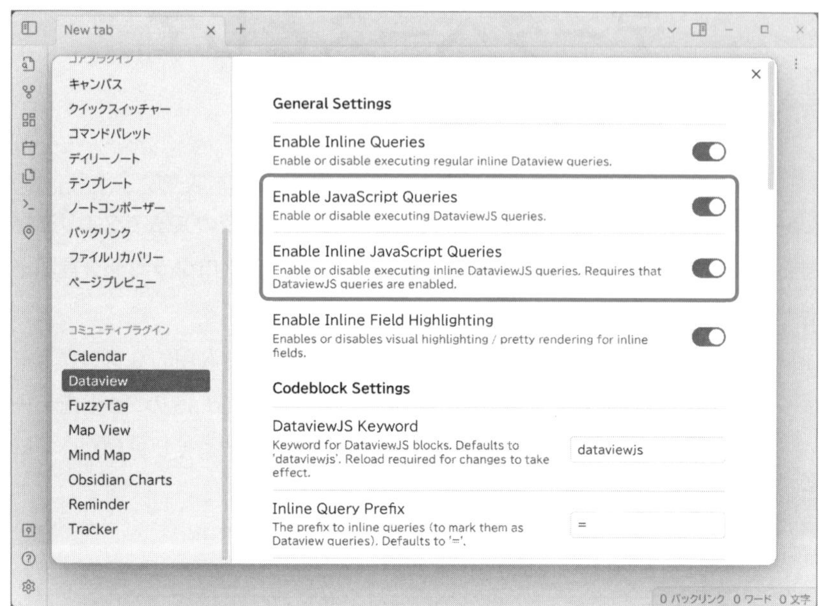

図6-11：DataviewでのJavaScriptの設定

DataviewでのJavaScriptの使い方を知るために、これまでに紹介した箇条書きや表を作ることを考えます。たとえば、次のように書くと、**#keyword**というタグをつけたノートの一覧を表示できました。

````
```dataview
LIST FROM #keyword
```
````

同じ処理は、次のJavaScriptのコードで記述できます。

````
```dataviewjs
dv.list(dv.pages("#keyword").file.link)
```
````

ここで、**dv.list()**はDataviewにおける箇条書きを作成する処理です。そして、**dv.pages()**は括弧内で指定したページの一覧を取得する処理です。取得したページの一覧について、それぞれのファイルのリンクを取得しています。これによって、同じ表示が得られていることがわかります。

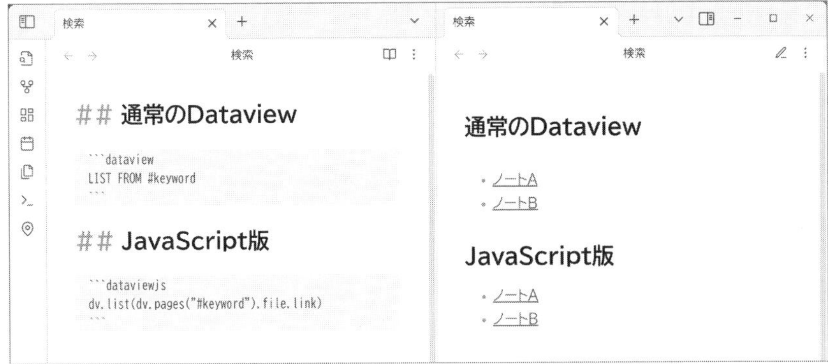

図6-12：JavaScriptでのリスト作成

同様に、**dv.table()** と書くと、Dataviewにおける表を作成できます。このとき、1つ目の引数で列に指定したい項目を記述します。

````
```dataviewjs
dv.table(["link", "alias"],
    dv.pages("#keyword").file.map(
        page => [page.link, page.aliases]
    )
)
```
````

これを見ると、指定したタグが使われているページの一覧について、そのリンクとエイリアスを取得し、それを表にできていることがわかります。

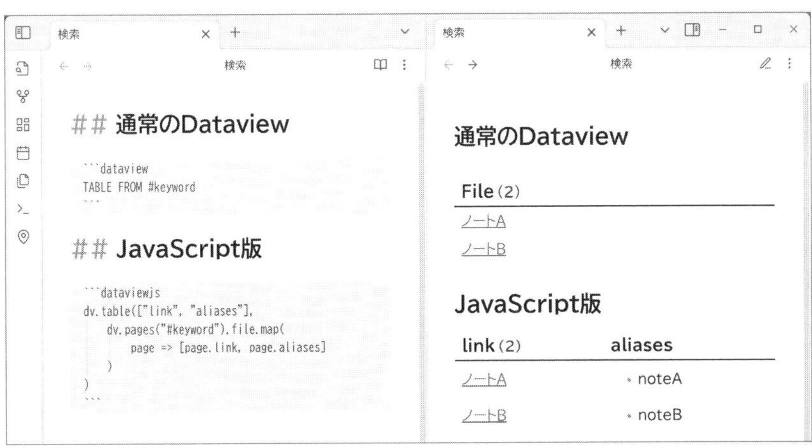

図6-13：JavaScriptでの表作成

Dataviewで JavaScriptを有効にしておくと、一般的なJavaScriptのコードも簡単に実行できます。たとえば、次のように書くと変数に値を代入でき、ノート内に「Hello World」と表示されます。

````
```dataviewjs
let msg = "Hello World";
dv.el("span", msg)
```
````

この**dv.el()**はDataviewによってHTMLの要素を生成する処理[注3]で、ノートの中に**<span>**というHTMLの要素が追加され、その中に「Hello World」というメッセージを入れたからです。

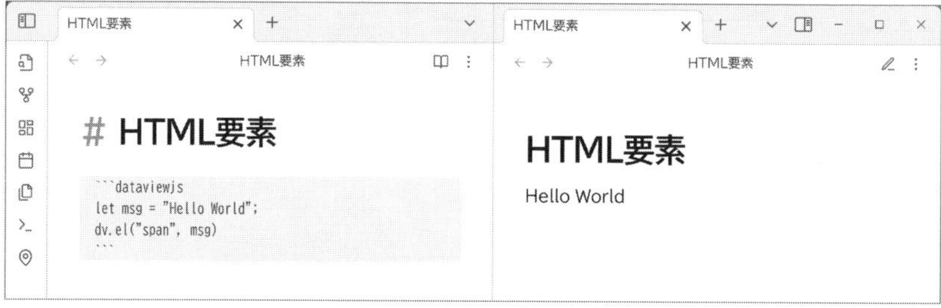

図6-14：JavaScriptでのHTML要素の作成

この方法を使うと、**dv.pages()**関数によってどのような情報を取得できたのかをページ内に表示できます。たとえば、**#keyword**というタグをつけた記事のファイルから、**dv.pages()**でどのような情報を取得できるのかを知りたければ、次のように書きます。

````
```dataviewjs
dv.el("div", dv.pages("#keyword"))
```
````

注3　：elは要素を意味する英語(Element)の略だと想像できます。

図6-15：dv.pagesで取得できる内容の確認

このような処理を書くことで、処理途中の値を確認できるので、デバッグ[注4]にも使えます。

また、これを活用すると、ページ中に外部へのリンクを埋め込むこともできます。筆者は以下のような記述をテンプレートとして登録しています。これは、郵便局から発送したもののお問い合わせ番号を記入して、その発送状況を調べるリンクです。1行目にある**trackingNo**に代入している部分に、お問い合わせ番号を入れると、配送状況を確認するリンクを作成できるのです。

````
```dataviewjs
const trackingNo = ""
dv.el('a', trackingNo, {
    href: 'https://trackings.post.japanpost.jp/services/srv/search/direct?locale=ja&reqCodeNo1=' + trackingNo
    }
)
```
````

注4　：プログラムの誤りや不具合を調べ、修正すること

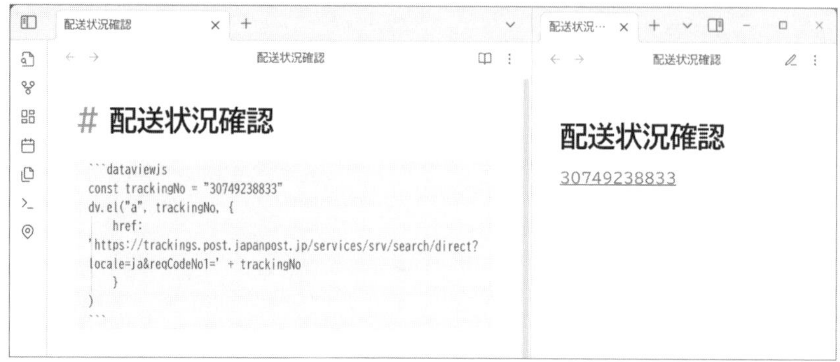

図6-16：外部へのリンクを作成する例

会計ソフトとして使う

Dataviewを使うと、それぞれのノートをデータベースとして使って、さまざまな操作ができることがわかりました。具体的にどんなことができるのか、実用的なサンプルを作ってみるとわかりやすいでしょう。ここでは、合計を計算するだけで済むような単純なプログラムとして、会計ソフトを作ります。

仕訳を入力する

会計の処理をするには、まずは仕訳のデータを作成しなければなりません。仕訳とは、会計上の出来事を帳簿に記録するときの最小の単位だといえます。取引が発生するたびに、それを記録するために使われます。

この仕訳を、一般的な会計ソフトでは1つの行で「借方」と「貸方」というペアで記録します。たとえば、交通費を現金で支払った場面を考えると、その仕訳は、次のようになります。

日付	借方		貸方	
	費目	金額	費目	金額
2023/8/1	旅費交通費	600	現金	600

Obsidianでは「行」という考え方がありませんが、上記のような1つの取引を1つのノートとして作成することにします。つまり、取引が発生するたびにノートを1つずつ作成するのです。これは、Zettelkastenの考え方に近いと言えるでしょう。

そして、ファイルのタイトルで仕訳の概要を記述し、インラインフィールドで上記の費目(勘定科目)や金額、借方・貸方を指定します。このとき、集計しやすいように、費目を階層的なタグで作成することにします。たとえば、交通費であれば**#費目/費用/旅費交通費**、現金であれば**#費目/資産/現金**のような感じです。

日付についても、**#仕訳/2023/08/01**のように階層的なタグで年月日を指定しておきます。

費目の入力が面倒だと思うかもしれませんが、Obsidianでは「**#**」という文字を入力したときに、タグの一部を入力するだけで補完されます。あるタグを一度でも使えば、それ以降は「**#**」に続けて「交通費」のようにタグ名の一部を入力するだけで補完候補が表示され、そこから選ぶだけで済みます。

具体的には、以下のようなノートを作成します。ここで、借方と貸方に指定している「費目」「貸借」「金額」はセットですので、これは抜けがないようにしなければなりません。

```
---
tags:
  - 仕訳/2023/08/01
---

# 交通費支払い(2023-08-01)

- [日付::2023-08-01]
- 借方
    - [費目:: #費目/費用/旅費交通費]
    - [貸借:: 借方]
    - [金額:: 600]
- 貸方
    - [費目:: #費目/資産/現金]
    - [貸借:: 貸方]
    - [金額:: 600]
```

仕訳の一覧を表示する

仕訳を入力したものの、これでは仕訳がそれぞれのノートとしてバラバラに保存されている状態です。この中から「2023年8月の仕訳を見たい」というときにDataviewプラグインを使えます。

たとえば、次のように書くと、「2023年8月の仕訳」をファイルの一覧リストとして日付順に表示できます。

````
```dataview
LIST FROM #仕訳/2023/08 SORT 日付
```
````

階層的なタグを使用しているため、**FROM**のあとに**#仕訳/2023**のように年だけを指定すると2023年の仕訳を表示できます。また、**#仕訳/2023/08/01**のように日付まで指定するとその日の仕訳を表示できます。

総勘定元帳を作成する

次に、特定の費目（勘定科目）でどのような取引があったのかを一覧として表示したいものです。このようなときに使われるのが総勘定元帳です。たとえば、旅費交通費に関する取引の一覧を見たいなら、旅費交通費についての総勘定元帳を作成します。

このためには、該当の費目が指定されたノートを抽出し、そのノートに記載されている金額を取得、残高を計算します。ここで、残高を求めるとき、費目（勘定科目）によって計算方法が異なります。

一般に、会計で作成する資料として「貸借対照表」と「損益計算書」があり、**図6-17**のような費目で表されます。そして、純利益は収益から費用を引いて求められるので、費目としては「資産」「負債」「資本（純資産）」「費用」「収益」の5つがあります。

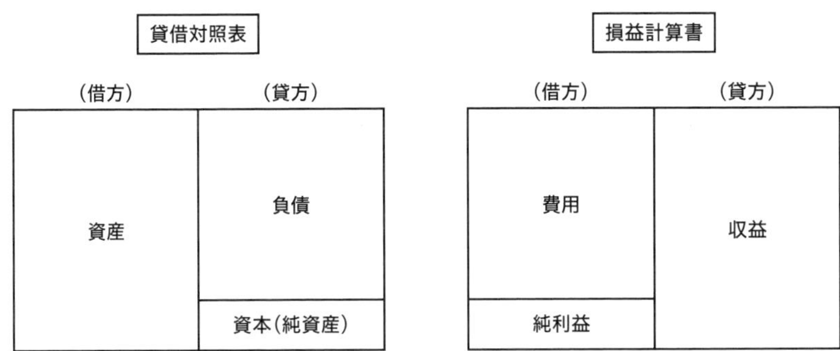

図6-17：貸借対照表と損益計算書

つまり、資産と費用については借方、残りは貸方として集計される項目なのです。このため、資産と費用は借方のときにプラス、貸方のときにマイナスになります。

そこで、次のようなJavaScriptのプログラムを書いたノートを作成します。このフロントマターの「**account**」で費目（勘定科目）を指定していますので、異なる費目で集計したければ、この「**account**」にセットしたタグを変えるだけです。

```
---
account: "#費目/費用/旅費交通費"
---

```dataviewjs
let account = dv.current().account; // フロントマターから費目を取得
let result = [];
let remain = 0;

// 2023年の仕訳を抽出して日付でソート
for (let journal of dv.pages("#仕訳/2023").sort(j => j.日付)) {
    // ノート内の費目の数だけ繰り返し
    for (let i = 0; i < journal.費目.length; i++) {
        // 指定した費目だけ処理
        if (journal.費目[i].startsWith(account)) {
            if (journal.貸借[i] == "借方") {
                if ((account.startsWith("#費目/資産")
                || (account.startsWith("#費目/費用")))) {
                    remain += journal.金額[i];
                } else {
```

6.2 データベースとして活用する
```

```
                remain -= journal.金額[i];
            }
            result.push([
                journal.日付,
                journal.file.link,
                "¥" + journal.金額[i].toLocaleString(),
                "",
                "¥" + remain.toLocaleString()
            ]);
        } else {
            if ((account.startsWith("#費目/資産")
            || (account.startsWith("#費目/費用")))) {
                remain -= journal.金額[i];
            } else {
                remain += journal.金額[i];
            }
            result.push([
                journal.日付,
                journal.file.link,
                "",
                "¥" + journal.金額[i].toLocaleString(),
                "¥" + remain.toLocaleString()
            ]);
        }
    }
}
}

dv.header(2, account);
dv.table(
    ["日付", "ファイル", "借方", "貸方", "残高"],
    result
);
```
```

このノートを表示すると、**図6-18**のように表示されます。それぞれのファイルのリンクにマウスカーソルを合わせるだけで、そのファイルの内容がポップアップして表示されるのでとても便利です。
```

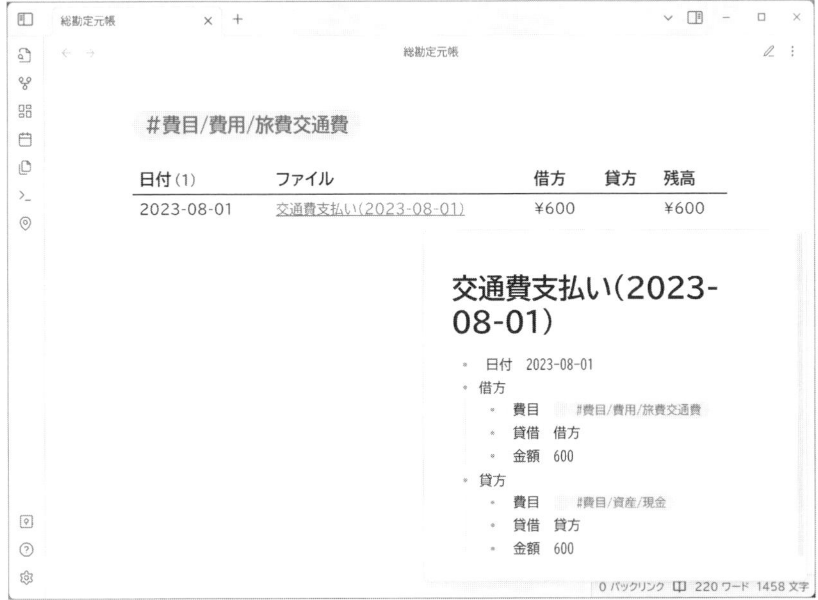


図6-18：総勘定元帳の表示

## 合計残高試算表を作成する

仕訳は手作業で入力しているため、金額を間違えてしまう可能性があります。これは手書きで仕訳を記入しているときも同じで、あとで間違いに気づける仕組みが必要です。

このようなときに便利なのが「合計残高試算表」です。ある期間中の取引について、費目ごとに合計と残高を集計して作成する表のことで、たとえば上記の交通費を支払った仕訳だけを作成した状態では、次のような表ができます。

| 借方残高 | 借方合計 | 費目 | 貸方合計 | 貸方残高 |
|---:|---:|:---:|---:|---:|
| ¥0 | ¥0 | 現金 | ¥600 | ¥600 |
| ¥600 | ¥600 | 旅費交通費 | ¥0 | ¥0 |
| ¥600 | ¥600 | 合計 | ¥600 | ¥600 |

この最終行を見て左右の金額が一致しないと、どこかに入力ミスがあることがわかります。この表を作成するために、次のようなJavaScriptのプログラムが考えられます。

前半で、指定した年の仕訳を抽出し、借方と貸方に分けて費目ごとに合計と残高を計算しています。

````
```dataviewjs
let year = "#仕訳/2023";
let tags = [];
for (let journal of dv.pages(year)) {
    for (let tag of journal.file.tags) {
        if (tag.startsWith("#費目")) {
            if ((tag.match(/\//g) || [] ).length == 2) {
                tags.push(tag);
            }
        }
    }
}

let account = Array.from(new Set(tags)).sort();
let debit = Array(account.length).fill(0);
let credit = Array(account.length).fill(0);
for (let journal of dv.pages(year)) {
    for (let i = 0; i < journal.費目.length; i++) {
        if (journal.貸借[i] == "借方") {
            for (let j = 0; j < account.length; j++) {
                if (journal.費目[i].startsWith(account[j])) {
                    debit[j] += journal.金額[i];
                }
            }
        } else {
            for (let j = 0; j < account.length; j++) {
                if (journal.費目[i].startsWith(account[j])) {
                    credit[j] += journal.金額[i];
                }
            }
        }
    }
}

let result = [];
let total_debit = 0;
let total_credit = 0;
let remain_debit = 0;
let remain_credit = 0;
````

第6章 データベースで細かな情報まで自在に管理しよう
````

```
for (let i = 0; i < account.length; i++) {
    total_debit += debit[i];
    total_credit += credit[i];
    remain_debit += (debit[i] > credit[i])?(debit[i] - credit[i]):0;
    remain_credit += (credit[i] > debit[i])?(credit[i] - debit[i]):0;

    result.push([
        "&yen;" + ((debit[i] > credit[i])?(debit[i] - credit[i]).toLoca
leString():0),
        "&yen;" + debit[i].toLocaleString(),
        account[i],
        "&yen;" + credit[i].toLocaleString(),
        "&yen;" + ((credit[i] > debit[i])?(credit[i] - debit[i]).toLoca
leString():0)
    ]);
}
result.push([
    "&yen;" + remain_debit.toLocaleString(),
    "&yen;" + total_debit.toLocaleString(),
    "合計",
    "&yen;" + total_credit.toLocaleString(),
    "&yen;" + remain_credit.toLocaleString()
]);

dv.table(
    ["借方残高", "借方合計", "勘定科目", "貸方合計", "貸方残高"],
    result
);
```
```

その他、貸借対照表や損益計算書もDataviewで作成できます。上記のような面倒なことをしなくても、一般的な会計ソフトを使えばよいと感じる人も多いでしょう。おそらく、Obsidianを使っていない人であれば、会計ソフトを使う方が便利です。また、簿記の知識がない場合も、便利な会計ソフトを使う方がいいでしょう。

しかし、Obsidianを使うと、さまざまなメリットがあります。たとえば、一般的な会計ソフトでは、事前にデータベースを作り、設定する必要があります。業務内容によっては、使わない勘定科目もあります。使う勘定科目を自分の業務に合うようにカスタマイズしないと使えないこともあるかもしれません。

しかし、Obsidianで、上記のようにタグを階層的に使って管理するのであ
```

れば、仕訳の中で勘定科目を書くだけなので、使わないタグを設定することはありません。補完もきくので、覚えやすい名前を設定しておけば入力も楽です。

そして、何よりも階層構造のタグを深くできるので、たとえば「旅費交通費」に集計する分類を「旅費交通費/JR東日本」「旅費交通費/地下鉄」のように細かく設定できます。

仕訳を入力するときも、第3章で解説したテンプレートを使うと簡単に統一感のあるノートを作成できます。

また、Obsidianの保管庫にある他のノートから容易にリンクできることも便利です。たとえば、打ち合わせについてのノートを作成するとともに、その打ち合わせに移動したときの交通費を記録するときに、これらをリンクしておくと、どのような理由で交通費が発生したのかを把握しやすくなります。

仕訳のノートもMarkdown形式なので、メモを自由に追加できるメリットもあります。



## データを可視化する

第5章で解説したObsidian Chartsと組み合わせることでグラフを作成することもできます。たとえば、費目ごとに費用を集計したグラフを作成するには、次のようなプログラムが考えられます。

```
```dataviewjs
let cost = {};
let colors = [];

// 乱数で色を生成
function getColor() {
    const r = Math.floor(Math.random() · 256);
    const g = Math.floor(Math.random() · 256);
    const b = Math.floor(Math.random() · 256);
    return 'rgba(' + r + ',' + g + ',' + b + ',0.2)';
}

for (let journal of dv.pages("#仕訳/2023")) {
    for (let i = 0; i < journal.費目.length; i++) {
        if (journal.費目[i].startsWith("#費目/費用")) {
            if (!(journal.費目[i] in cost)) {
```
```

```
            cost[journal.費目[i]] = 0;
            colors.push(getColor());
        }
        if (journal.貸借[i] == "借方") {
            cost[journal.費目[i]] += journal.金額[i];
        } else {
            cost[journal.費目[i]] -= journal.金額[i];
        }
    }
  }
}
let labels = Object.keys(cost);
labels.sort();
let values = [];
for (let key in labels) {
    values.push(cost[labels[key]]);
}
const chartData = {
    type: 'pie',
    data: {
        labels: labels,
        datasets: [{
            label: '費用',
            data: values,
            backgroundColor: colors,
        }]
    },
    options: {
        plugins: {
            legend: {
                position: 'right'
            }
        }
    }
}

window.renderChart(chartData, this.container);
```
```
```

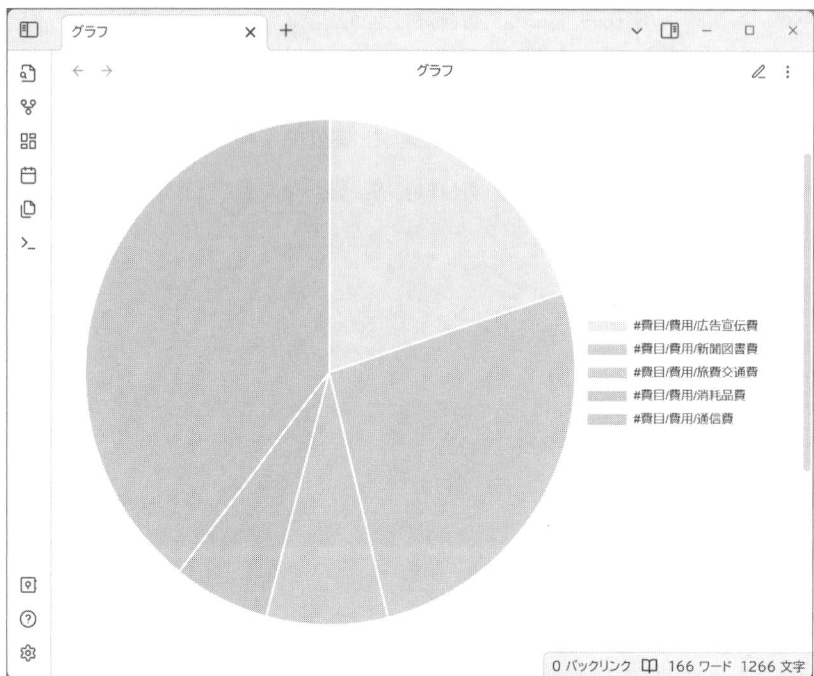


図6-19：Dataviewで作成したグラフ

これらは1つの例ですが、データベースとしてObsidianを使うと、さまざまな便利な機能を実現できることがわかります。ぜひ使ってみてください。

付録

# Markdown リファレンス

Markdownにはさまざまな方言があります。たとえば、「GitHub Fravored Markdown (GFM)」や「CommonMark」が有名です。ObsidianはGFMとCommonMarkの両方をサポートしており、独自の記法もいくつか用意されています。ここでは、Obsidianで使えるMarkdownの記法について紹介します。

## 文字の装飾

ノートを作成するとき、文字を太字にしたり斜体にしたりする場合があります。こういった場合、Markdownではその文字の前後に記号を書きます。

太字(ボールド)にしたい場合は、前後に「**」(アスタリスク2つ)か「__」(アンダースコア2つ)を書きます。

```
記憶を定着させる**コツ**は__ノート__に書くことです。
```

斜体(イタリック)にしたい場合は、前後に「*」(アスタリスク1つ)か「_」(アンダースコア1つ)を書きます。

```
記憶を定着させる*コツ*は_ノート_に書くことです。
```

マーカーで線を引いたような表現で強調するためには「=」を2つ並べて表現し、これをハイライトと呼びます。

```
記憶を定着させる==コツ==は==ノート==に書くことです。
```

下線(アンダーライン)を使いたい場合は、HTMLのタグを使います。下線以外にも、HTMLのタグを使うことで、さまざまな装飾が可能です。

```
記憶を定着させる<u>コツ</u>は<u>ノート</u>に書くことです。
```

取り消したいときは「~~」のようにチルダを2つ並べます。

```
~~記憶を定着させるコツはノートに書くことです。~~
```

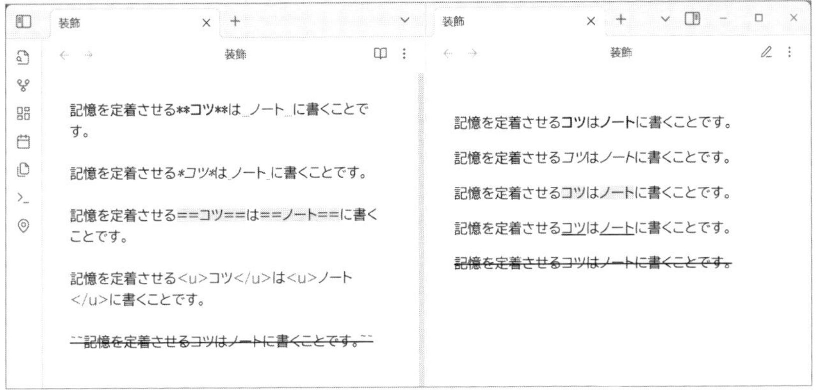


図A-1：文字の装飾

## 引用

他の文献から引用するときは、「>」を先頭に書き、半角スペース1つに続けて内容を記述します。

```
> ここは引用です。
> 複数行の場合も先頭に書きます。
```

引用の中に引用を入れたいときは、「>」の数を増やしてインデントできます。たとえば、次のように書きます。

```
> ここは引用です。
>> 他の内容の引用をインデントできます。
```

箇条書きと同様に、引用部分のあとに空行を入れると、そこまでが引用になります。

なお、コールアウトと呼ばれる書き方もあります。アイコンが表示されるとともに、色がついて見やすいので、それなりのボリュームがある文章を書いて、途中で例や注意点などを書くときには便利です。

```
> [!cite]
> ここは引用です。
```

```
> [!note]
> 補足的なノートを書きます。
```

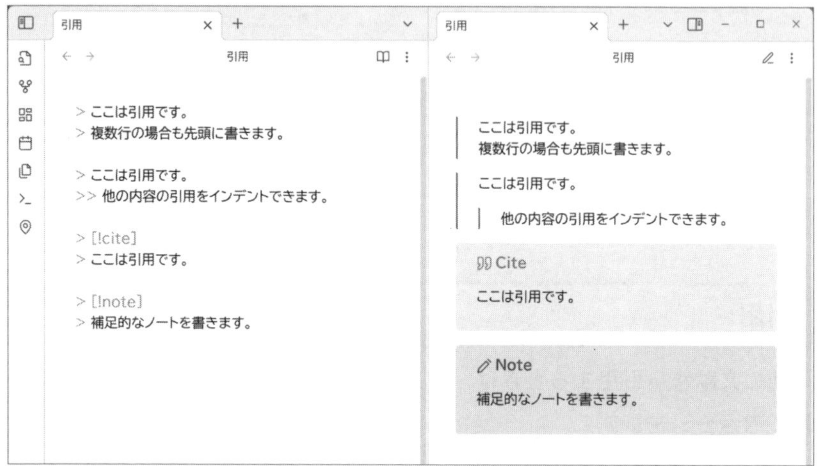


図A-2：引用とコールアウト

コールアウトには以下のような記法が用意されています。意味に合わせたアイコンや色で表現されるので、見栄えがよくなります。

- info：情報
- note：ノート
- todo：ToDo
- done：完了済みのタスク
- hint：ヒント
- question：疑問
- warning：警告
- danger：危険
- cite：引用
- example：例

## 水平線

ノートを区切りたい場合、区切り線として水平線を引くことができます。水平線を引くには、行頭で「---」とハイフンを3つ並べます。

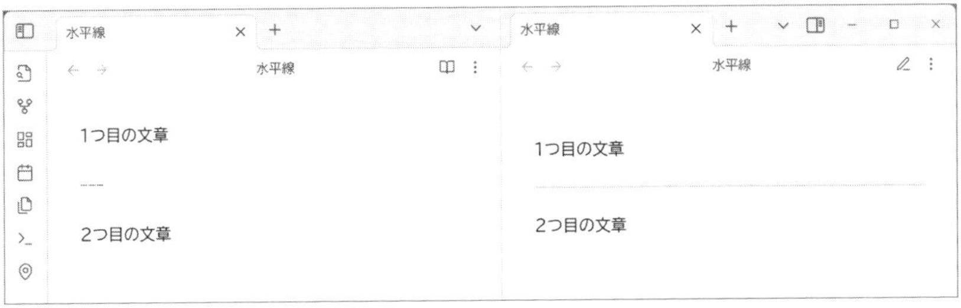

図A-3：水平線による区切り

## ソースコード

プログラミングについてのノートを作成するとき、ソースコードは等幅フォントで表示したいものです。これには、バッククォート記号を3つ続けます。先頭と末尾に書くと、その間がソースコードとして判断され、等幅フォントで表示されます。

````
```
#include <stdio.h>

int main(){
    return 0;
}
```
````

なお、先頭のバッククォート記号3つのあとに言語名（拡張子）を指定すると予約語などに色をつけて表現されます。たとえば、C言語であればバッククォート3つのあとに**c**を、Rubyであれば**rb**を指定します。

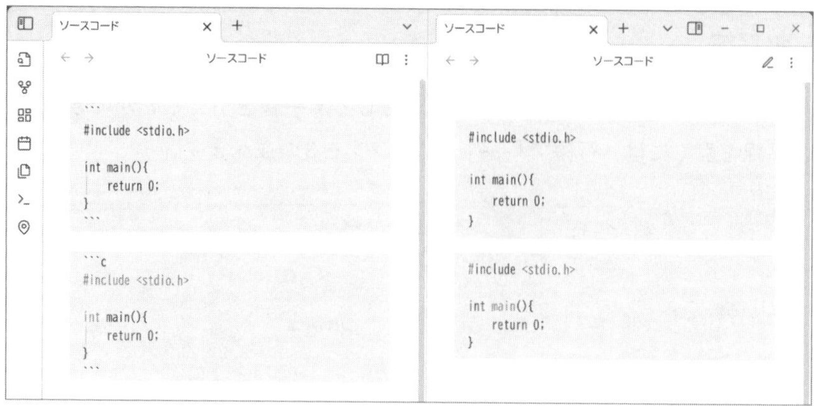

図A-4：ソースコード

本文中で等幅フォントにしたいときは、次のようにバッククォート1つで挟みます。

```
変数`a`に1を代入します。
```

## リンク

外部のWebサイトへのリンクは、「**[ ]**」の中にタイトルを書き、そのあとに「**( )**」でURLを囲みます。たとえば、Googleのトップページにリンクしたい場合、次のように書くと見た目は「Google」と表示され、クリックするとURLにジャンプします。

```
[Google](https://www.google.co.jp/)
```

見た目もURLのままでよい場合は、直接URLだけを書いても構いません。先頭がhttpやhttpsではじまると、自動的にURLだと判断してくれます。

図A-5：リンク

Obsidianで便利なのは第2章でも紹介した内部リンクです。これは、Obsidianの保管庫にある他のノートにリンクできます。たとえば、「Obsidian」というノートと、「Markdown」というノートを作成したいとします。このとき、「Obsidian」というファイル名で、次のようなノートを作成します。

```
# Obsidian

Obsidianは[[Markdown]]記法が使えるメモアプリです。
```

この二重の括弧（`[[ ]]`）で囲まれた部分が内部リンクで、閲覧モードで表示すると、「Markdown.md」というファイルへのリンクが張られます。

なお、内部リンクはノート単位ではなく、そのノート内の見出しやブロックを指定することもできます。見出しへのリンクを指定したい場合は、ページ名に続けて「**#**」と見出しの中身を繋げて書きます。

```
[[ページ名#見出し1]]
```

ブロックはページ内の図や表、ソースコードなど本文に埋め込まれている部分を意味します。ブロックには名前をつけられ、何も指定しないとランダムな値がブロックの名前として自動的に付けられます。

独自の名前をつけるには、ブロックの最後に「**^**」をつけて指定したい値を書きます。たとえば、ソースコード部分に名前をつけるには、最後に「**^source**」のように書きます。

````
C言語

```c
#include <stdio.h>

int main(){
    return 0;
}
```
^source
````

そして、そのブロックを指定したリンクは、次のように「^」で繋げて書きます。

```
[[C言語^source]]
```

## 数式

Obsidianでは、LaTeX形式で数式をきれいに表示できます。次のように「**$$**」で囲んだ範囲が数式です。

```
$$
\sum_{k=1}^{n} \left(n^2 + n + 1\right) =
\frac{1}{6} n(n + 1)(2n + 1) + \frac{1}{2} n(n + 1) + n
$$
```

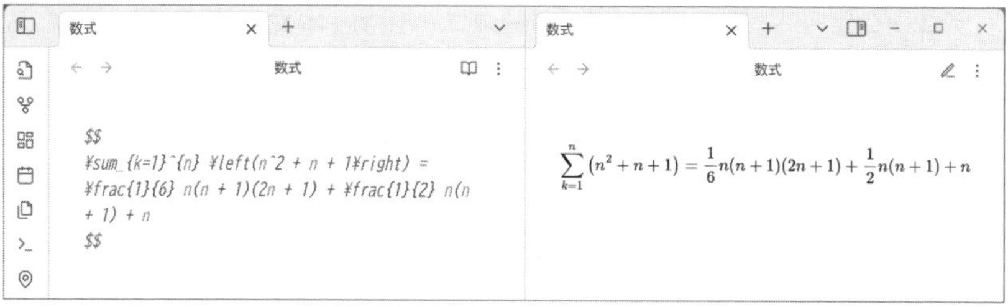

図A-6：数式

インラインで数式を書きたい場合は、次のように1つの「$」を使って、スペースを空けずに挟みます。

```
$a$に1を代入するには、$a=1$と書きます。
```

## ノートや画像、PDFなどの埋め込み

他のノートや画像、PDFファイルなどをノート内に埋め込みたいときは、「![[」と「]]」で囲みます。たとえば、次のように書くと、保管庫にある「Obsidian」というタイトルのノートの内容を、ページ内に埋め込めます。

```
![[Obsidian]]
```

画像や音声、動画、PDFファイルなども同様にページ内に埋め込めます。Obsidianの保管庫にある画像ファイルをノートに埋め込むときは、次のように指定します。

```
![[ファイル名.png]]
```

インターネット上にある画像ファイルをノート内に埋め込むときは、リンクを記述するときと同じように、後ろの括弧内でURLを指定します。

```
![画像](https://obsidian.md/images/banner.png)
```

PDFファイルであれば、特定のページを指定して埋め込むこともできます。Obsidianの保管庫にあるPDFの123ページを指定する場合は、次のように書きます。

```
![[ファイル名.pdf#page=123]]
```

## 表の作成

情報を整理するとき、表形式で縦と横に並べることは多いものです。Markdownでは次のように記述すると、表を作成できます。

```
| 列タイトル1 | 列タイトル2 |
| ----------- | ----------- |
| データA     | データB     |
| データC     | データD     |
```

2行目の「-」の文字数は決められていませんが、見た目を整えるように見出しやデータの文字数と合わせることが多いです。なお、データ部分を右寄せや左寄せ、中央揃えにしたい場合は、2行目にコロン(:)を加えて次のように記述します。このコロンを入れない場合は、デフォルトで左寄せになります。

```
| 左寄せ     | 中央揃え   | 右寄せ     |
| :--------- | :--------: | ---------: |
| データ1    | データ2    | データ3    |
| データ11   | データ22   | データ33   |
| データ111  | データ222  | データ333  |
| データ1111 | データ2222 | データ3333 |
```

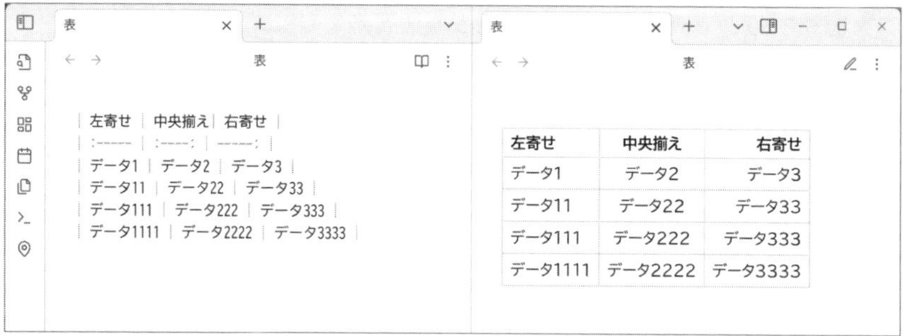


図A-7：表

付録

Markdownリファレンス

■**参考文献**

**『情報は１冊のノートにまとめなさい［完全版］』** 奥野宣之（著）、ダイヤモンド社、2013 年
**『「超」整理法：情報検索と発想の新システム』** 野口悠紀雄（著）、中央公論新社、1993 年
**『TAKE NOTES!：メモで、あなただけのアウトプットが自然にできるようになる』** ズンク・アーレンス（著）／二木 夢子（訳）、日経 BP、2021 年
**『知的生産の技術』** 梅棹忠夫（著）、岩波書店、1969 年
**『Obsidian でつなげる情報管理術』** pouhon（著）、Kindle Direct Publishing、2022 年
**『アトミック・シンキング：書いて考える、ノートと思考の整理術』** 五藤隆介（著）、Kindle Direct Publishing、2022 年
**『情報をまとめて・並べるだけ！ 超シンプルな「手帳」兼「アイデア帳」運用術』** choiyaki（著）金風舎／ Kindle Direct Publishing、2022 年

# 索引

英数字



ア行



カ行

サ行



タ行



ナ行



ハ行



マ行



ラ行

**▶お問い合わせについて**

本書に関するご質問は、FAX か書面でお願いいたします。電話での直接のお問い合わせにはお答えできませんので、あらかじめご了承ください。また、下記の Web サイトでも質問用フォームを用意しておりますので、ご利用ください。

ご質問の際には、以下を明記してください。

・書籍名
・該当ページ
・返信先（メールアドレス）

ご質問の際に記載いただいた個人情報は質問の返答以外の目的には使用致しません。

お送りいただいたご質問には、できる限り迅速にお答えするよう努力しておりますが、お時間をいただくこともございます。

なお、ご質問は本書に記載されている内容に関するもののみとさせていただきます。

**▶お問い合わせ先**

宛先：〒167-0846
東京都新宿区市谷左内町 21-13
株式会社技術評論社　第 5 編集部
『Obsidian で“育てる”最強ノート術』係

FAX：03-3513-6173
Web ページ：https://gihyo.jp/book/2023/978-4-297-13719-9

# Obsidianで“育てる”最強ノート術

## あらゆる情報をつなげて整理しよう

2023 年 10 月 31 日　初版　第 1 刷発行

著者 ―――――― 増井敏克
発行者 ―――――― 片岡　巌
発行所 ―――――― 株式会社技術評論社
東京都新宿区市谷左内町 21-13
電話03-3513-6150　販売促進部
03-3513-6177　第 5 編集部
印刷／製本 ―――――― 昭和情報プロセス株式会社

カバー・本文デザイン ― 菊池 祐（株式会社ライラック）
DTP ―――――― 酒徳葉子（技術評論社）
編集 ―――――― 村下昇平（技術評論社）

**定価はカバーに表示してあります。**



造本には細心の注意を払っておりますが、万一、乱丁（ページの乱れ）や落丁（ページの抜け）がございましたら、小社販売促進部までお送りください。送料小社負担にてお取り替えいたします。

ISBN978-4-297-13719-9 C3055
Printed in Japan